U0251648

贵州省高校乡村振兴研究中心资助项目（黔教合协同创新字【2021】02号）
贵州省高校乡村振兴研究中心人文社科基地资助项目
贵州省教育厅2021年研究生教育改革发展与质量提升资助项目

贵州省高校乡村振兴研究中心系列成果丛书◀

中国北方沙区土壤微生物的
分布特征及影响因素

▶ 闫　茹　著

四川大学出版社
SICHUAN UNIVERSITY PRESS

图书在版编目（CIP）数据

中国北方沙区土壤微生物的分布特征及影响因素 /
闫茹著． — 成都 ： 四川大学出版社，2023.5
ISBN 978-7-5690-5662-4

Ⅰ．①中… Ⅱ．①闫… Ⅲ．①沙漠－土壤微生物－研
究－中国－北方地区 Ⅳ．① S154.3

中国版本图书馆 CIP 数据核字（2022）第 176607 号

书　　名：中国北方沙区土壤微生物的分布特征及影响因素
　　　　　Zhongguo Beifang Shaqu Turang Weishengwu de Fenbu Tezheng ji Yingxiang Yinsu
著　　者：闫　茹

选题策划：王　睿　胡晓燕
责任编辑：胡晓燕
责任校对：王　睿
装帧设计：墨创文化
责任印制：王　炜

出版发行：四川大学出版社有限责任公司
　　　　　地址：成都市一环路南一段 24 号（610065）
　　　　　电话：（028）85408311（发行部）、85400276（总编室）
　　　　　电子邮箱：scupress@vip.163.com
　　　　　网址：https://press.scu.edu.cn
印前制作：四川胜翔数码印务设计有限公司
印刷装订：四川省平轩印务有限公司

成品尺寸：170 mm×240 mm
印　　张：8.25
字　　数：155 千字

版　　次：2023 年 5 月 第 1 版
印　　次：2023 年 5 月 第 1 次印刷
定　　价：68.00 元

扫码获取数字资源

四川大学出版社
微信公众号

前　　言

目前我国荒漠化和沙化土地面积分别占国土总面积的 25％和 16％以上，其中约有 30 万平方千米的土地属于沙化高风险区。这些荒漠化和沙化土地易受到全球气候和土地利用类型变化的影响，了解荒漠生态系统的生物结构及其多样性，对荒漠化过程的监测、预测、评价和治理具有重要意义。土壤微生物作为荒漠生态系统的重要组成之一，在维持土壤生态系统物质转化和能量流动中起关键作用，能快速响应土壤生态系统发生的改变。然而，受技术手段和恶劣自然环境条件的限制，针对我国荒漠生态系统大尺度土壤微生物多样性空间分布特征及其对全球气候变化的响应机制的系统研究开展得还较少。

本书以我国北方沙区土壤微生物为研究对象，沿不同干旱气候带采集样本，运用高通量测序技术和生物信息分析，对不同干旱气候带沙区中的土壤微生物群落结构和多样性进行系统的比较研究；并结合气候因子、土壤理化性质、植物群落以及地理距离等参数分析区域尺度下驱动沙区土壤微生物群落空间分布的关键影响因子，明晰我国北方沙区生态系统土壤微生物群落的空间分布特征及其驱动机制。第 1 章为概述，主要介绍研究背景和意义、国内外研究现状、存在的主要问题及研究目的。第 2、3 章主要介绍研究内容与技术路线、研究区概况与研究方法。第 4 章主要介绍土壤细菌多样性的空间分布特征及其影响因素。第 5 章主要介绍土壤真菌多样性的空间分布特征及其影响因素。第 6 章主要介绍土壤细菌潜在功能基因的空间分布特征及其影响因素。

本书所涉研究区域范围较广，野外采样、室内试验和数据分析等工作量繁重，为此特别感谢北京林业大学水土保持学院张克斌教授、张宇清教授和冯薇老师的全程指导，感谢在研究过程中给予我们帮助的各位老师和同学。感谢宁夏盐池荒漠生态系统定位研究站提供的帮助和支持。感谢安顺学院对本书出版给予的资金支持。

　　著者从 2015 年开始进行沙区土壤微生物的研究，限于学术水平，研究深度以及对研究中涉及的科学问题的解释和分析尚存不足，恳请读者批评指正！

著　者
2022 年 6 月

目　　录

1　概　述

1.1　研究背景和意义

多年来，土地荒漠化一直是当今世界生态环境的热点问题。经过几十年的不懈努力，我国土地荒漠化和沙化治理卓有成效（包岩峰等，2018；周日平，2019）。截至 2014 年，全国荒漠化土地总面积为 261.16 万平方千米，占国土总面积的 27.20%，连续三个监测期持续减少、程度持续减轻（《中国荒漠化和沙化状况公报》，2015）。我国沙害防治工作依然是生态环境治理工作的重中之重，有 30 万平方千米土地属于沙化高风险区，极易发展为沙化土地。以植物固沙为主要措施的生态恢复与重建工程仍处于不稳定阶段，生态环境容易出现再次退化的现象。因此，及时准确地对荒漠化过程进行监测、评价及预测是预防土地荒漠化、巩固人工固沙效果、稳定恢复沙区生态的重要工作。

土壤微生物作为荒漠生态系统中的主要分解者，参与土壤物质的交换和流动，能快速而有效地对土壤生态系统的变化做出响应（朱永官等，2017；Delgado-Baquerizo et al.，2018）。土壤微生物的组成、群落结构、微生物量、酶活性等土壤微生物指标可以反映土壤质量、肥力以及土壤健康状况（Green et al.，2004）。首先，土壤微生物直接影响着土壤发生、发展以及发育的全过程，直接参与土壤中的碳氮循环，对土壤腐殖质的形成及无机元素的转化等过程均有积极的影响，对土壤的形成及土壤肥力的恢复有着重要作用（贺纪正等，2013；Delgado-Baquerizo et al.，2018）。其次，早在 20 世纪 80 年代国内外学者就提出土壤微生物的胞外代谢物可以稳定土壤中的团聚体结构，在团聚土壤中的沙粒、改变沙土性状和促进沙土固定方面起着重要作用（曹慧等，2003；于江等，2006），是反映沙区固定过程中土壤发育和形成的重要标志，可用于监测和评价流动沙丘的固定程度（曹成有等，2007）。因此，对荒漠化地区生态恢复过程中的土壤微生物学特性进行研究，将土壤微生物作为监测和评价荒漠化程度及沙区生态恢复稳定性的指标,可以为探索荒漠化驱动机制、准确预测荒漠化趋势提供科学依据,对减缓荒漠化加剧、维持荒漠生态系统可持续发展具有重要意义(吕星宇、张志山,2019)。

生物地理学研究对于探索生物多样性的形成和稳定机制,明晰生态系统完整性具有重要意义。然而,由于土壤微生物系统复杂多变以及测试技术手段的限制,针对土壤微生物的研究主要集中在土壤微生物量、土壤酶活性和菌株的培养方面,而对于土壤微生物的生物地理学研究仍处于初级阶段。特别是在较大空间尺度下,对于土壤微生物多样性是否存在与大型动植物相似的生物地理分布格局及驱动机制,仍存在较多争论。这制约了我们对生态系统过程和功能的整体认识,不利于理解和预测生态系统在全球变化背景下的演变规律。近年来,随着高通量测序等技术的发展和应用,微生物的核酸序列信息被用来表征微生物的物种组成及功能潜力(Fierer et al.,2012)。研究人员可以在基因水平上对不同生态系统及不同空间尺度下微生物群落的组成和多样性进行比较研究(Pommier et al.,2010)。这推动了微生物遗传信息库的建立,为微生物资源的开发利用提供了数据基础,使土壤微生物多样性及其功能研究得以更加深入。荒漠生态系统分布广、面积大,有着极其丰富的微生物多样性(程磊磊等,2020)。而对土壤微生物进行生物地理学研究,可以帮助我们了解微生物的组成、分布特征,发掘未知微生物,既是探索土壤生态系统完整性、保护土壤生态系统稳定和维持土壤生态系统生物多样性的首要任务,也是土壤微生物资源开发和利用的重要前提之一。

因此,对"荒漠化地区土壤微生物群落及多样性的空间分布特征是什么""是什么机制驱动和维持该空间分布特征"这两个问题进行探究,有助于我们深入理解荒漠化地区土壤微生物多样性的形成和维持机制,进一步揭示土壤微生物在荒漠生态系统的功能,为维持荒漠生态系统稳定性、保护物种多样性提供理论依据,对荒漠化地区生态环境可持续发展而言意义重大。

1.2　国内外研究现状

1.2.1　土壤微生物的分布特征及其驱动因素

生物地理学主要通过研究生物种群和群落的空间分布格局及其随时间的变化规律，来解决物种在何处分布、如何分布、为什么这样分布等问题。生物地理学的研究工作可以使我们更好地了解物种的形成、消失、扩散过程以及种间关系和相互作用等。长期以来，生物地理学着重于对动物和植物空间分布格局的研究，发现了动植物具有明显的地带性分布特征，并针对动植物间空间分布格局的形成和维持机制提出了一系列理论和假设。

土壤微生物生物地理学主要是研究土壤中微生物组成及多样性在空间尺度上的分布特征及其随时间的变化规律，可以帮助我们探索和发现丰富的微生物资源，深入理解土壤中微生物多样性的产生和结构配置机制，对预测土壤生态系统功能的发展趋势具有一定的指导意义（贺纪正等，2008）。然而，由于自然界中的微生物（细菌、真菌和古菌）仅有 1% 可培养，加上受限于研究技术手段，微生物生物地理学的研究进度十分缓慢，长期落后于地上大型动植物的生物地理学研究，甚至还不清楚微生物是否存在某种特定的地理分布规律，是否与大型生物具有相似的地理分布格局，以及大型生物生物地理分布的理论和假说是否适用于微生物。

21 世纪以来，随着新一代高通量测序、组学、基因芯片等分子生物技术的发展，人们对微生物的研究方法不再限于传统的计数和培养，而是直接在基因水平上获取微生物分类信息，从微生物组成、多样性及生态功能信息等方面切入，为微生物生物地理学的发展提供机遇（贺纪正等，2012）。越来越多的研究鉴于传统生物地理学理论，表明土壤微生物的群落组成、多样性和个体丰度的空间分布不是随机的，而是同动植物空间分布一样受历史进化因素和当代环境因子的影响，在全球表现出一定的空间分布格局。主要的历史进化因素有地理距离、物理隔离及时间等尺度造成的环境异质性等，当代环境因子主要包括光照强度、降水量、环境温度、土壤盐碱度和土壤肥力等。

有研究人员将评价历史进化因素和当代环境因子对土壤微生物空间分布格局的相对贡献作为基本研究框架，用来检验四个理论假设。假设 1 认为，土壤微生物在空间上是随机分布的，土壤微生物群落组成和多样性变化不受任何因素的影响；假设2认为，土壤微生物群落的空间分布差异仅受历史进化因素的影响，即土壤微生物群落组成和多样性的分布受地理分隔和物理屏障等历史随机事件的影响，且这种影响延续到当代；假设3认为，土壤微生物群落的空间分布差异只受当代环境因子的影响，即光照强度和降水量等对土壤微生物群落组成和多样性空间分布的影响远大于历史进化因素的影响；假设4认为，土壤微生物空间分布差异同时受历史进化因素和当代环境因子的影响。近十年来，很多科学家基于以上假设对土壤微生物的分布特征及其驱动因素进行了研究，存在一定分歧，主要表现在对研究对象的选取、研究尺度的限定、土壤微生物类群的划分以及采取的研究方法等方面（褚海燕等，2017）。

以往研究表明，土壤微生物的空间分布主要由当代环境因子的异质性来驱动（贺纪正等，2008）。例如，在区域尺度上，通过改变进入土壤中的凋落物、根系死亡细胞和分泌物的量可以影响土壤微生物群落的空间变化。土壤作为微生物的生存依附介质，养分的利用会显著影响微生物群落结构的变化。有研究发现，与细菌相比，真菌和放线菌可以分解、利用木质素等具有较大分子结构的有机质，从而更耐养分胁迫、更具竞争优势。此外，陆地生态系统中大部分植物会受到菌根真菌的侵染（Parniske，2008），菌根真菌的寄生可以提高植物对土壤中碳、氮、磷等元素的利用效率（Colin et al.，2014；Lindahl、Anders，2015）。在较大空间尺度下，土壤pH是驱动细菌群落空间分布的主要因子。主要原因是，在酸性土壤环境中，土壤细菌群落的分布受氢离子浓度的影响较大；而在碱性土壤环境中，土壤有机碳含量对土壤细菌空间分布的影响大于土壤pH（Chu et al.，2016）。相比于细菌，由于土壤真菌群落对生存环境中酸碱度的适应能力更强（Christianl et al.，2008；Rousk et al.，2010），因此土壤真菌的空间分布受土壤酸碱度的影响较小，受土壤有机碳含量的影响较大（Liu et al.，2015）。此外，环境温度亦是驱动土壤微生物群落空间分布的一个重要因素。土壤微生物有不同的最适温度范围，温度的改变可直接影响土壤微生物的生物学特性，比如土壤微生物的酶活性、个体大小、群落组成以及能量转化速率等（Melillo et al.，2002；Allison et al.，2010）。有研究表明，温度的升高可以增大土壤微生物的呼吸速率、代谢速率及其周转速率等（Garcia-Pichel et al.，2013）。此外，温度还可以影响土壤含水量和凋落物及根系分泌物等外源碳的性状，进而影响微生物群落的组成及结构（Schimel、Gulledge，2010）。降雨主要通过影响其生存环境中的水分动态分布和养分循环，进而影响土壤微生物群落的分布和组成。研究表明，降雨的强度和时长会影响土壤微生物的分解速率和矿化速率，进而影响其生物组成及活性。亦有研究表明，降雨造成的土壤水分变化会改变土壤中细菌、真菌和古菌等微生物的比例。

历史进化因素主要通过空间距离、海拔及经纬度等影响土壤微生物群落的空间分布格局。例如，Wang 等（2015）沿 3700 km 的草原样带，对中国北方草地生态系统土壤微生物空间分布特征及其驱动因子进行了调查研究。结果显示，影响北方草地土壤细菌群落组成、多样性和关键类群丰度的首要因素是干旱程度，且地理距离和环境因子对解释土壤细菌群落分布的贡献分别为36.02％和24.06％。这表明历史进化因素和当代环境因子共同影响着北方草地生态系统土壤微生物群落的空间分布。Li 等（2018）在贡嘎山沿不同海拔对森林土壤细菌群落的空间特征进行了研究，发现在海拔 2600 m 以下土壤细菌群落分布主要受环境异质性的影响，在海拔 2800 m 以上土壤细菌群落分布主要受地理扩散的影响。Fierer 等（2013）在对美洲中部大草原土壤微生物的空间分布进行研究时发现，土壤微生物多样性随纬度的降低而增强。

综上所述，土壤微生物空间分布格局主要受历史进化因素和当代环境因子的共同影响，且随着空间尺度、生态系统类型及微生物群落大小等因素的改变，两者相对贡献的比重不同。因此，探索土壤微生物的地理分布格局及其分布范围，总结土壤微生物的分布是否具有地带性分布特点，对土壤微生物空间分布规律的研究，以及对土壤微生物资源的有效保护和科学开发利用具有指导意义。

1.2.2　土壤微生物多样性和群落结构及其研究方法进展

土壤微生物多样性是指土壤细菌、真菌和放线菌等微生物类群在遗传、种类和生态系统等不同尺度上的分布情况，反映了土壤胁迫及土壤生态机制对群落的影响。同时，土壤微生物多样性会影响土壤生产能力、生态系统结构稳定、生态系统功能，对外在人为因素及土壤内在因素反应剧烈，是反映土壤质量的重要指标之一（贺纪正等，2013）。微生物群落结构可以反映土壤的健康状况及土壤环境的变化情况，其相关研究在应对气候变化、环境污染防治、生态服务功能维持等方面具有重要意义。然而，由于土壤微生物数量庞大且群落结构复杂，加上土壤中绝大多数微生物（＞99％）无法通过分离培养获得（Ward et al.，1990），传统的分离培养技术和稀释平板计数法难以反映土壤中微生物群落的丰富度和多度。因此，土壤微生物多样性及其功能的研究仍然被视为"黑匣子"和"微生物暗物质"。20世纪70年代末期，随着微生物群落解析技术的不断发展，Biolog微平板法、磷脂脂肪酸法、DNA指纹图谱、基因芯片、高通量测序等分子生物学技术被广泛运用于土壤微生物多样性的研究。这些技术可以直接在基因水平上对土壤环境中微生物的多样性进行解析，极大地推动了土壤微生物群落结构与多样性的研究进展。

1.2.2.1　微生物平板计数法

目前采用的微生物平板计数法的原理是，通过特定的培养基对环境样品中的微生物进行筛选培养，并借助显微镜观察其性状特征，再以试验确定其生理生化特征，最终鉴定微生物种类、统计微生物数量。这种方法具有操作简单、高效、成本低的优势，因此在微生物研究初期被广泛使用。但由于这种方法仅可分离培养自然环境中1%～5%的微生物（Davis et al.，2005），仍有95%～99%的微生物不可培养鉴定，因此大大局限了人们对微生物多样性的认识。

1.2.2.2　Biolog微平板法

Biolog微平板法是由美国Biolog公司首次开发使用的，主要用于纯种微生物鉴定及微生物群落功能多样性研究的一种微生物检测技术。其主要原理是通过微生物对含碳底物利用能力的差异来反映微生物群落组成及其固有性质（Boehm，1993；Yin et al.，2010）。常用的Biolog微平板有96个微孔，31种碳源，不同微生物群落对单一碳源的利用能力不同，会使Biolog微平板孔中的四唑染料产生不同的显色反应。该方法具有分辨能力强、可重复及成本较低的优点。但是，该方法只适用于可培养的、能快速生长的微生物群落，对微生物具有较强的选择性。而且微生物培养底物的改变会引起微生物对微平板碳源底物利用能力的变化，从而造成实测结果的误差。因此，Biolog微平板法得到的结果只能粗略反映土壤微生物碳源利用的多样性，不能全面反映微生物多样性及群落功能。

1.2.2.3　磷脂脂肪酸法

磷脂脂肪酸（Phospholipid Fatty Acid，PLFA）是微生物细胞膜磷脂的主要组成成分之一，其结构分布具有多样性和差异性。因其在微生物死亡时具有代谢迅速的特点，因此，可以通过分析微生物细胞膜上磷脂脂肪酸的成分和组成来分析样品中微生物群落结构的多样性（Bossio et al.，1998；Chen et al.，2015）。与传统的基于培养基的微生物分离技术相比，该方法可直接检测土壤中不可培养的微生物群落信息，能够较为全面地反映土壤微生物群落的动态变化特征，且具有高效、可靠、可重现性好的特点（Haack et al.，1994）。但由于磷脂脂肪酸与土壤中的微生物不是一一对应的，无法从种属水平上进行土壤微生物的鉴定工作，且只能提取部分信息，在表征土壤微生物整体结构变化时存在不足。另外，磷脂脂肪酸的稳定性受环境变化的影响较大，在标记过程中温度、湿度和营养条件等都会对检测结果的准确性产生影响。

1.2.2.4　DNA指纹图谱技术

DNA指纹图谱技术主要通过分离微生物基因组DNA，以聚合酶链反应（polymerase chain reation，PCR）扩增特定基因序列并对扩增产物进行分析，从而在种属水平上研究不同生境中的微生物群落结构及其动态变化。其中较为常用的两种指纹图谱技术为变性梯度凝胶电泳（denaturing gradient gel electrophoresis，DGGE）和限制性片段长度多态性（restriction fragment length poly-morphism，RFLP）。

1993年，Muyzer（1999）率先将变性梯度凝胶电泳应用于微生物生态学的研究，其原理是含有不同碱基序列的DNA片段在不同浓度的变性剂中解链时的迁移率不同，通过比对迁移率带即DNA指纹剖面就可确定DNA片段的碱基序列是否一致，进而反映土壤微生物DNA的多态性。该方法具有简单高效、可重现和可同时分析多个样品的优点，因此被广泛应用于土壤微生物多样性及其群落动态变化等研究。该方法的缺点是通量较小，只能分离约500 bp大小的DNA片段，获得的信息量较少。

RFLP技术是利用限制性内切酶对PCR扩增产物进行识别并在特定位置切割，以获得不同长度及数量的限制性片段，用来探究微生物的群落结构及多样性。末端限制性片段长度多态性（terminal restriction fragment length poly-morphism，T-RFLP）是一种基于RFLP的技术，其在进行PCR扩增DNA片段时，在其中一条引物的5′末端用荧光进行亮点标记，由于特定限制性内切酶的消化作用，使得只有带荧光标记的片段才可被检测到；且不同菌种末端带荧光标记的片段长度是不同的，因此可以更高效地分析酶切片段。该技术的优点在于可同时对多个土样进行分析，缺点是通量小。

1.2.2.5　基因芯片技术

基因芯片技术又称DNA芯片技术或DNA微阵列（DNA microarray）技术，其原理是将大量的核酸探针以一定的顺序或排列方式固定在载体表面，对核酸探针进行荧光标记后与待测 DNA 片段进行杂交。杂交配对的过程中，荧光标记强度最大位置即为完全互补的探针序列，可由此确定重组的核酸序列。目前，微生物市场中用于环境微生物研究的主流功能基因芯片为 GeoChip，原理是将已知的功能基因序列作为探针，与环境样品中的功能基因进行杂交，以确定环境样品中功能基因的类别与丰度。GeoChip 是基于全球基因公共数据库设计研发的，包含碳、氮、磷和硫等地球化学循环相关基因，具有操作简单、通量较大和误差小的特点，因此被广泛应用于森林、农田、湿地、油田和矿山等各个生态系统研究。GeoChip 的主要缺点是无法检测未被收录的功能基因。

1.2.2.6 高通量测序技术

20 世纪 70 年代，Sanger 等（1977）率先发现了基于双脱氧链终止法的测序技术，其原理为利用 DNA 聚合酶来复制 DNA 片段，并在此过程中掺入不同浓度的双脱氧核苷三磷酸（ddNTP）来产生一系列长度为几百至几千碱基的链终止产物，而后通过电泳在长度尺度上进行分辨。在双脱氧链终止法中，不同末端终止 DNA 链的长度由掺入新合成链上随机位置的双脱氧核苷三磷酸（ddNTP）决定。这种测序技术因准确率高、产生的读长长而被广泛采用，为微生物生态学的研究开辟了新的道路。但该方法测序成本高、耗费时间长且通量低，无法满足大规模的测序要求。随着科学技术的进步，测序技术不断更新换代，二代测序技术可以实现边合成边测序，大大节约了测序时间，大幅降低了测序费用，并且保持了高准确性。当下基因测序市场主流的二代测序技术平台包括 Roche 公司的 454 测序平台、Illumina 公司的 Solexa 和 Hiseq 测序平台，以及 ABI 公司的 SOLiD 测序平台（Schuster，2008）。

1. 454 测序平台

21 世纪初，Roche 公司推出了 454 测序平台，该平台是基于焦磷酸测序方法的乳液 PCR 技术，是第一个商业化运营的二代测序平台。454 测序平台主要基于基因尺度，对 DNA 聚合酶、ATP 硫酸化酶、双磷酸酶和荧光素酶进行测序，通过检测荧光信号的变化规律来实现对 DNA 序列的实时监测。该平台每轮可获得长达 100 万条序列，多至数亿个碱基信息，且在读长超过 400 bp 时，测定结果的置信区间可达 99%。该平台凭借读长长、通量高及速度快等特点，在基因组从头测序和宏基因组测序、小 RNA 的研究以及转录图谱的分析等领域有着广泛应用（Metzker，2010）。

2. Solexa 和 Hiseq 测序平台

Solexa 和 Hiseq 测序平台的原理是将 DNA 簇、桥式 PCR 技术和可逆阻断技术相结合，实现边合成边测序：将 DNA 片段序列固定在载体表面，由桥式 PCR 技术将 DNA 扩增为以亿为计量单位的 DNA 簇，通过加入带有不同荧光标记的 dNTP 和聚合酶，激发 dNTP 上标记的不同荧光基团，以激光扫描检测荧光信号值并转化成序列信息。Solexa 和 Hiseq 测序平台主要用到 HiSeq 测序仪和 MiSeq 测序仪，具有通量高、错误低、测序费用较低的特点。虽然 MiSeq 测序仪的准确率（99.20%）略低于 HiSeq 测序仪的准确率（99.74%），但由于其读长较长且为双向测序，因此在基因组结构分析、转录组从头测序、表达谱分析及非编码 RNA 测序等操作中被广泛应用。

3. SOLiD 测序平台

SOLiD 测序平台采用单分子 DNA 片段簇为基因测序模板，再以 8 碱基四色荧光标记寡核苷酸反应为依据，对扩增的 DNA 片段进行大规模的高通量并行测序。SOLiD 测序平台的独特之处在于其利用连接酶代替 DNA 聚合酶进行逐步连接。另外，在测序阶段，该平台主要采用双碱基编码技术，具有测序错误率低和准确度高的优点。因此，SOLiD 测序平台的适用范围较广，包括大规模测序和结构变异性分析、单核苷酸多态性检测、全基因组测序、染色质免疫共沉淀、甲基化研究等。

1.2.3 荒漠生态系统土壤微生物研究现状

1.2.3.1 土壤微生物的组成

随着研究的推进，基因测序技术有了很大提升。各国学者对荒漠生态系统土壤微生物进行了大量研究，包括亚洲西北部荒漠地区、南美洲西海岸荒漠区以及智利沿海荒漠区、非洲南北沿海荒漠区、澳大利亚中部荒漠区和南极洲荒漠区的土壤微生物研究。在全球尺度的荒漠生态系统中，主要的细菌类群有放线菌门（Actinobacteria）、厚壁菌门（Firmicutes）、拟杆菌门（Bacteroidetes）、变形菌门（Proteobacteria）。荒漠土壤微生物中放线菌门数量占总细菌类群数量的一半以上（Bhatnagar、Bhatnagar，2005；Bachar et al.，2012）。荒漠土壤中的放线菌门主要进行孢子生殖，并以丝状生长方式进行发育，以有效抵抗干旱、高温等环境因素的影响。放线菌的孢子可以由外界

9

因素带到其他更适宜生长的环境，从而适应荒漠地区长期无植被生长的极端环境。厚壁菌门在非洲的南北沿海荒漠区中相对丰度可达50%（Prestel et al.，2008），在中国西部的戈壁荒漠区中相对丰度可达80%以上（An et al.，2013），其也是通过产生孢子来适应荒漠地区恶劣的生存环境。有研究表明，厚壁菌门的相对丰度与植物根际微生物的含量和种类息息相关（Teixeira et al.，2010）。拟杆菌门的多种营养型细菌可以适应各类土壤环境（Noah et al.，2007）。在南极的干燥山谷，拟杆菌门的相对丰度可达50%以上（Lee et al.，2012）。在中国的塔克拉玛干沙漠，变形菌门的相对丰度可达40%以上（An et al.，2013）。在荒漠及沙漠环境条件下，变形菌门的相对丰度、活性与土壤中的碳循环以及植物的光合作用成正相关（Lopez et al.，2013；Yonghui et al.，2014）。在南极洲的荒漠区域，存在大量的蓝细菌（Cyanobacteria），它们可以在养分匮乏的荒漠土壤中进行光能固碳作用。有大量研究发现，在部分荒漠土壤中也分布着大量的酸杆菌门（Acidobacteria）、浮霉菌门（Planctomycetes）和绿弯菌门（Chloroflexi）（张威等，2012）。

在荒漠土壤中，除细菌外，还分布着大量的真菌（Sterflinger et al.，2012）。有研究人员在美国的索诺兰沙漠发现在荒漠区分布有真菌，在极寒条件下的两极干旱地带存在着大量的青霉菌属（*Penicillium*）（Durrell、Shields，1960；Sterflinger et al.，2012）。有研究认为，担子菌门（Basidiomycota）和子囊菌门（Ascomycota）是荒漠生态系统常见的类群，包括嗜热和耐热类型，在沙漠中都有发现。也有研究认为，全球干旱生态系统中的优势类群是子囊菌门（Sterflinger et al.，2012；Delgado-Baquerizo et al.，2018）。

从已有研究来看，全球荒漠生态系统的土壤微生物分布类群已基本明晰，广泛分布的类群的相对丰度存在差异。

1.2.3.2 土壤微生物分布格局的驱动因素

在荒漠生态系统中，土壤微生物的生存受到水分、肥力不足，地上植被匮乏，高强度太阳辐射和高盐碱含量等恶劣环境的影响，往往通过调节自生代谢机制及群落结构来提高生存能力。例如，以色列内盖夫沙漠区的植物群落呈现出斑块化的分布格局，相应地形成了植物覆盖区和植物间隔区。研究发现，灌木覆盖区的微生物群落显著异于灌木间隔区的微生物群落，这表明在荒漠地区，活灌木的稀疏排列是驱动土壤微生物群落分布的重要因素。另有一项研究表明，相较植物盖度，气候因素和土壤因素对菌根真菌丰度的影响更为显著（Sher et al.，2014）。氨氧化古菌和氨氧化细菌群落对沙漠生态系统的环境因子有着不同程度的响应，氨氧化古菌在干燥和高温环境下形成生长优势，而氨氧化细菌则在降雨量大的时期形成生长优势。然而，有研究人员在对南极极地荒漠的研究中发现，该地区有着高度专一的微生物多样性分布格局，由于极强的自然选择性，该地区的微生物群落在空间分布上缺乏变异性（Pointing et al.，2010）。这暗示着在荒漠生态系统中，土壤微生物的分布既不单受植物因素的影响，也不单受土壤理化性质和降水或温度的影响，更多情况下表现为两种驱动机制的叠加和交互。同时，一些极端环境因子可以显著地改变该地区土壤微生物的空间分布格局。目前来看，荒漠生态系统的土壤微生物研究缺乏大尺度模式，荒漠生态系统土壤微生物的空间分布格局及其驱动因素还不能明确地解释荒漠生态系统土壤微生物的分布规律及其稳定机制。

1.3　存在的主要问题及研究目的

中国北方沙区从东到西绵延四千多公里，横跨三个不同类型气候区，各种植物群落在沙区生态系统构建、防治风沙危害、保障生态安全中发挥着重要作用。同时，在防沙治沙植物种的选择、植被建设的规模、植被的稳定性和可持续性、土壤演化机制、荒漠生态系统服务功能评估等问题上，还存在争论。土壤生态状况是生态系统功能和可持续性评价的重要依据，而土壤微生物又在其中扮演着极其重要的角色。

随着现代生物学和生物信息分析技术的飞速发展，土壤微生物成为我们认识生态系统的又一新视角。然而，从总体来看，针对荒漠生态系统的研究依然十分匮乏，现有研究虽然在局域尺度上的微生物种类探索、生物量及环境因子对微生物群落结构的影响等方面取得了重要进展，但对荒漠生态系统中土壤微生物的组成和结构的认识还不够全面、系统，对未知微生物资源的挖掘和利用还不够充分，对区域尺度下的微生物分布及功能特征等的研究还处于起步阶段。这些问题都影响着荒漠生态系统土壤微生物生态学的发展，限制着研究人员对荒漠生态系统的科学认知。

本书从土壤微生物的角度切入，将高通量测序技术、生物信息学中的数据深度挖掘技术等与常规实验室分析技术相结合，对中国北方沙区（干旱亚湿润沙区、半干旱沙区、干旱沙区和极端干旱沙区）土壤微生物的群落组成、多样性及其分布规律进行了调查研究，并结合气候、土壤和植被等环境因子与地理距离探讨中国北方沙区土壤微生物的分布特征及影响因素。主要研究目的：第一，对中国北方沙区土壤微生物资源进行调查、收集、鉴定和保存，明晰中国北方沙区土壤微生物的群落组成及地理分布规律，为进一步挖掘土壤微生物潜在资源奠定基础；第二，结合当代环境因子与历史进化因素，揭示微生物群落空间分布的形成机制，为了解全球化背景下荒漠生态系统的响应和对荒漠生态系统服务功能的评估提供理论依据。

2 研究内容与技术路线

2.1 研究内容

本书研究选取中国北方不同干旱气候带典型的植被恢复沙区土壤作为样品，采用高通量测序技术、生物信息分析、实验室培养等手段，研究沙区土壤微生物的分布特征及影响因素。

2.1.1 土壤微生物的群落组成及多样性的分布特征

研究微生物的群落组成及多样性的分布特征，可采用高通量测序技术，通过可操作分类单元（OTU）聚类，研究土壤细菌和真菌群落的 α-多样性〔包括 OTU 丰度和香农-威纳多样性指数（Shannon-Wiener's diversity index）等〕，并比较不同干旱气候带沙区中土壤细菌和真菌的多样性差异；同时，对土壤细菌和真菌进行物种注释，并通过显著差异分析，解析在不同干旱气候带沙区不同分类水平的土壤微生物的群落组成和结构差异；采用分子生态系统网络构建法研究土壤微生物（细菌和真菌）之间的互作网络关系，明晰不同干旱气候带沙区土壤细菌和真菌群落结构中的关键微生物类群及其相互作用关系。

2.1.2 土壤微生物群落空间分布的影响因子及其驱动机制

根据得到的高通量测序数据，计算不同干旱气候带沙区土壤细菌和真菌群落的 β-多样性（Bray-Curtis 距离），结合非度量多维排列（non-metric multidimensional scaling，NMDS）和组间相似性分析（analysis of similarities，ANOSIM），研究四个干旱气候带沙区间微生物群落组成的差异；通过典范对应分析（CCA）、冗余分析（RDA）和变差分解分析（VPA），探究气候（降水量、干旱指数）、植物多样性、土壤理化性质（土壤含水量、土壤 pH、土壤有机碳、土壤全氮、土壤全磷等）等环境因素及地理距离与土壤微生物（细菌和真菌）群落空间分布的关系，并量化每个环境变量的贡献；通过计算土壤微生物群落距离矩阵与地理距离、标准化后的环境距离之间的相关性，探索土壤微生物群落对地理距离和环境距离的变化规律（距离-衰减关系），确定当代环境因子和历史进化因素对沙区土壤微生物群落空间分布的影响及其驱动机制。

2.1.3　土壤微生物的功能特性预测

在高通量测序的基础上，进行 PICRUSt 基因功能预测分析，预测沙区土壤微生物群落的潜在功能。分析不同干旱气候带沙区土壤潜在功能基因的空间分布特征及其影响因素，比较土壤细菌和真菌群落的空间分布特征。筛选与碳循环和氮循环相关的功能基因，分析比较它们在不同干旱气候带沙区中的丰度差异；结合土壤理化性质、气候和植被等环境参数，探究基因丰度与环境因子的相关性，确定影响不同功能群落丰度变化的主要环境变量，综合推测沙区生态系统中影响地球化学循环的主要功能基因。

2.2　技术路线

本书研究采用高通量测序技术和 PICRUSt 基因功能预测分析，对土壤微生物多样性、群落结构和潜在功能基因进行探究；并结合气候、植被、土壤理化性质及空间距离等环境与地理因素进行多元统计分析，揭示荒漠生态系统土壤微生物多样性和群落结构的空间分布格局及其驱动机制。本书研究技术路线如图 2.1 所示。

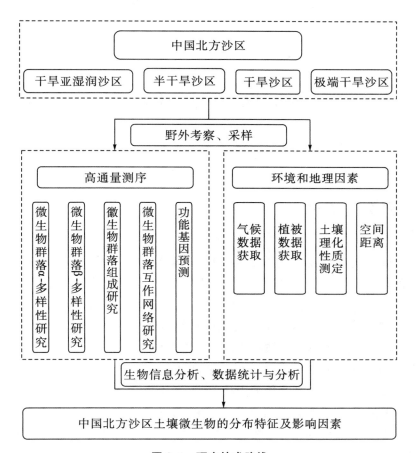

图 2.1 研究技术路线

3 研究区概况与研究方法

3.1 研究区概况

我国北方地区沙漠戈壁与沙漠化土地总面积约为 166.9 万平方千米，约占国土总面积的 17.38%，主要分布在新疆维吾尔族自治区、青海省、甘肃省、宁夏回族自治区、内蒙古自治区、陕西省、辽宁省、吉林省和黑龙江省。主要的沙漠（地）有呼伦贝尔沙地、科尔沁沙地、浑善达克沙地、毛乌素沙地、库布齐沙漠、乌兰布和沙漠、腾格里沙漠、巴丹吉林沙漠、塔克拉玛干沙漠（位于塔里木盆地中心）、库木塔格沙漠、古尔班通古特沙漠等。

整个研究区位于亚洲中部的内陆地区，远离海洋，地形封闭，特别是青藏高原及周围高大山系隆起阻挡季风，湿润气流难以抵达，受干燥性的大陆高压气团的影响，形成冬季寒冷干燥、夏季高温缺雨的温带及暖温带干旱区。从气候条件来说，降水量从东到西递减，大部分沙漠（地）年降水量均在 400 mm 以下，其中塔克拉玛干沙漠内部年降水量在 10 mm 以下。沙漠地区的蒸散量较大，通常在 1,400~3,000 mm，沙漠中心地带可达 3,000~3,800 mm。干燥度指数从东到西呈逐渐增大的趋势，东部的干燥度指数在 1.5~4.0 之间，贺兰山西部地区的干燥度指数大于 4.0，最高在塔里木盆地的沙漠。

我国北方沙区从东到西可划分为干旱亚湿润沙区、半干旱沙区、干旱沙区和极端干旱沙区四个干旱气候带沙区。受气候条件的影响，沙漠地区植物低矮稀疏，除东部水分条件较好的沙地上生长有少量的樟子松和榆树等乔木外，绝大部分为旱生和超旱生的半乔木、灌木及草本构成的稀疏植被，以流动沙丘为主的沙地上几乎无植被。沙漠地区土壤剖面发育不佳，土层深度较浅，土壤质地粗糙、水肥状况较差。

3.2 研究方法

3.2.1 样品采集

3.2.1.1 调查样点的选取

按照联合国环境署（UNEP）标准干旱区分类方法，我国北方沙区横跨四个干旱气候分区，自东向西分别为干旱亚湿润沙区、半干旱沙区、干旱沙区和极端干旱沙区（具体划分方法见 3.2.2）。研究人员在每个干旱气候带沙区分别选取 2~4 个沙漠化地区作为调查样点，各调查样点的海拔、地理坐标、干燥度指数、年平均降水量与植被类型等基本信息见表 3.1。

表 3.1 调查样点基本信息

分区	调查样点	海拔（m）	地理坐标	干燥度指数	年平均降水量（mm）	植被类型
干旱亚湿润沙区	HL	594	49.21°N，118.09°E	0.56	282	差巴嘎蒿（*Artemisia halodendron*） 小叶锦鸡儿（*Caragana microphylla*） 樟子松（*Pinus sylvestris*） 黄柳（*Salix gordejevii*） 蒙古岩黄芪（*Hedysarum mongolicum*）
	HQ	354	42.61°N，121.49°E	0.63	355	差巴嘎蒿（*Artemisia halodendron*） 小叶锦鸡儿（*Caragana microphylla*） 樟子松（*Pinus sylvestris*）

分区	调查样点	海拔（m）	地理坐标	干燥度指数	年平均降水量（mm）	植被类型
干旱亚湿润沙区	OD	1254	42.36°N，116.57°E	0.63	349	小叶锦鸡儿（*Caragana microphylla*）黄柳（*Salix gordejevii*）蒙古岩黄芪（*Hedysarum mongolicum*）
半干旱沙区	HO	1203	40.26°N，108.94°E	0.28	245	沙蒿（*Artemisia desertorum*）乌柳（*Salix cheilophila*）细枝岩黄芪（*Hedysarum scoparium*）
	MU	1515	37.72°N，107.24°E	0.34	275	小叶锦鸡儿（*Caragana microphylla*）油蒿（*Artemisia ordosica*）蒙古岩黄芪（*Hedysarum mongolicum*）
	TG	1606	37.45°N，104.79°E	0.36	186	油蒿（*Artemisia ordosica*）柠条锦鸡儿（*Caragana korshinskii*）白刺（*Nitraria tangutorum*）细枝岩黄芪（*Hedysarum scoparium*）小叶锦鸡儿（*Caragana microphylla*）
	QB	2868	36.24°N，100.24°E	0.37	246	小叶锦鸡儿（*Caragana microphylla*）油蒿（*Artemisia ordosica*）乌柳（*Salix cheilophila*）

18

续表

分区	调查样点	海拔 (m)	地理坐标	干燥度指数	年平均降水量 (mm)	植被类型
干旱沙区	UB	1051	40.26°N, 106.95°E	0.15	144	油蒿 (*Artemisia ordosica*) 白刺 (*Nitraria tangutorum*) 梭梭 (*Haloxylon ammodendron*)
	BJ	1534	39.25°N, 101.68°E	0.14	113	白刺 (*Nitraria tangutorum*) 霸王 (*Sarcozygium xanthoxylon*)
	GT	458	44.368°N, 87.93°E	0.11	164	梭梭 (*Haloxylon ammodendron*) 柽柳 (*Tamarix chinensis* Lour)
极端干旱沙区	KT	1647	39.68°N, 94.29°E	0.02	28.72	沙拐枣 (*Calligonum mongolicum*) 多枝柽柳 (*Tamarix ramosissima*) 白刺 (*Nitraria tangutorum*)
	TK	1103	38.97°N, 83.67°E	0.03	11.05	沙拐枣 (*Calligonum mongolicum*) 柽柳 (*Tamarix chinensis* Lour) 梭梭 (*Haloxylon ammodendron*)

干旱亚湿润沙区选取的调查样点为 3 个，分别是呼伦贝尔沙地（HL）、科尔沁沙地（HQ）和浑善达克沙地（OD）；半干旱沙区选取的调查样点为 4 个，分别是库布其沙漠（HO）、毛乌素沙地（MU）、腾格里沙漠（TG）和柴达木盆地沙漠（QB）；干旱沙区选取的调查样点为 3 个，分别是乌兰布和沙漠（UB）、巴丹吉林沙漠（BJ）和古尔班通古特沙漠（GT）；极端干旱沙区选取的调查样点为 2 个，分别是库姆塔格沙漠（KT）和塔克拉玛干沙漠（TK）。

3.2.1.2 样品采集时间

土壤水分、温度是土壤微生物数量和活性的主要影响因子，对于研究区来说，水分是最主要的影响因子。根据多年降水数据，研究人员选择在7月中旬采集土壤样品。

3.2.1.3 样品采集深度

根据以往研究经验，荒漠生态系统土壤微生物主要分布在深度为0～10 cm的土层。所以样品采集深度取将表土层的枯枝落叶去除后向下10 cm。

3.2.1.4 样品采集步骤

7月中旬，在每个调查样点对每种建群种设置三个100 m × 100 m的样方，保证没有受到放牧牲畜及人为破坏。在每个样地中任意选取三个优势固沙植物生长点为采样点。在固沙植物下和固沙植物间分东南西北四个方向采集样品，以确保所采土样的均匀性，并将每个样地采集的土壤样品按固沙植物下和固沙植物间分别混合为一个样（见图3.1）。采样时除去土壤表层的枯枝落叶，用直径为5 cm的土钻分别取0～10 cm的非根际土样，共得到192个土样。将取得的土样弃去植物残体，混合均匀后放入已灭菌的采样试管内，对样品进行编号并标注采集地点、时间、采集人。将得到的土壤样品放入车载冰箱，于−20℃保存并尽快带回实验室。在实验室将土壤样品各分成三份：一份保存于4℃，用于实验室培养和分析；一份保存于−20℃，用于16S rRNA和18S rRNA基因测序检测；一份常温保存，晾干后用于理化性质测定。

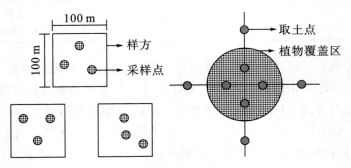

图3.1　土壤样品采集示意图

3.2.2 调查样点特征和气候数据获取

使用 GPS 记录每个调查样点的经纬度及海拔。根据国家气候中心提供的中国地面气候标准值年值数据集（1981—2010 年），通过插值得到各调查样点的多年平均降水量，并结合当地历史气候数据，最终确定各调查样点的年平均降水量。干燥度指数（aridity index，AI）指多年平均降水量与多年平均潜在蒸散量的比值，数据同样利用降水量数据通过插值确定。干旱气候带沙区划分主要根据 AI 值来确定：$0.008 < AI < 0.050$ 为极端干旱沙区，$0.050 < AI < 0.200$ 为干旱沙区，$0.200 < AI < 0.500$ 为半干旱沙区，$0.500 < AI < 0.650$ 为干旱亚湿润沙区。

3.2.3 土壤理化性质测定

（1）土壤含水量：采用烘干法测定。取新鲜土壤，准确称量后置于烘箱中，于 105℃烘至恒重，再进行称量。前后质量差即土壤中水分的质量，从而计算出土壤含水量。

（2）土壤 pH：采用电位法测定。按照水土比 2.5∶1.0，将蒸馏水加入风干土壤，搅动 1~2 min 后静置 30 min，再用 pH 计进行测定。

（3）有机碳：采用重铬酸钾氧化法测定。

（4）全氮：采用全自动凯氏定氮仪测定。

（5）水解氮：采用碱解扩散法测定速效氮含量。

（6）速效磷：将土壤用盐酸和硫酸溶液浸提后，以等离子发射光谱法测定。

（7）全磷：采用钼锑抗比色法测定。

（8）电导率：采用 DDS-11D 型电导率仪测定。

3.2.4 植被数据获取

遵循对角线采样原则，在每个样地内选取 5 个 5 m×5 m 的小样方，记录小样方内植物的名称、数量、平均高度、盖度、冠幅和多度等指标。根据记录，统计各样地植被的组成、多度、优势度，计算物种多样性指数。

3.2.5 高通量测序和生物信息分析

从每个土壤样品中取 0.2 g 土壤，使用 E. Z. N. A. Soil DNA Kit（D5625-01；OMEGA，Biel，Switzerland）（基因组 DNA 提取试剂盒）提取微生物基因组 DNA。为避免提取的 DNA 浓度过低，每个土壤样品的 DNA 应提取三次，最后汇集在一起。详细提取过程及步骤可参考试剂盒使用说明书。

提取 DNA 后，使用 Qubit 2.0 荧光计（Q32866；Invitrogen，Carlsbad，Calif）检测 DNA 的纯度和浓度，并使用 0.8% 的琼脂糖凝胶检测 DNA 的完整性。对 DNA 定量后，分别针对细菌和真菌进行 PCR 扩增。扩增细菌 16S rRNA V3~V4 区域使用的通用引物为 341F [5′-CCCTACACGACGCTCTTCCGATCTG (barcode) CCTACGGGNGGCWGCAG-3′] 和 805R [5′-GACTGGAGTTCCTTGG CACCCGAGAATTCCAGACTACHVGGGTATCTAATCC -3′]。扩增真菌 18S rRNA V4 区使用的通用引物为 V43NDF [5′-CCCTACACGACGCTCTTCCGATCTN (barcode) GGCAAGTCTGGTGCCAG-3′] 和 Euk_V4_R [5′-GTGACTGGAGTT CCTTGGCACCCGAGAATTCCAACGGTATCTRATCRTCTTCG-3′]。获得的 PCR 扩增产物经检测合格后，使用 Illumina MiSeq 测序仪（Illumina，San Diego，CA）进行测序。

细菌和真菌的高通量测序工作由生工生物工程（上海）股份有限公司 [Sangon Biotech（Shanghai）Co.，Ltd] 完成。经 DNA 样品检测、文库构建、文库检测、上机测序后，获得测序信息。对测序得到的原始序列进行拼接、过滤后，得到有效的拼接序列，并以≥97% 的一致性将序列聚类成为 OUTs（Operational Taxonomic Units）。将聚类完成的 OTU 做归一化处理后，与公共数据库进行比对，并进行物种注释，从而得到每个样品中细菌和真菌的物种信息、OTU 丰度数据和微生物多样性数据。DNA 的提取和定量以及扩增子和原始数据的处理，采用 Feng 等方法。

3.2.6 数据统计与分析

使用单因素方差分析（one-way ANOVA）检测不同干旱气候带沙区之间的气候因素、土壤理化性质、土壤细菌（真菌）的相对丰度及多样性是否存在显著差异。事后检验采用最小显著性差异法（least significant difference，LSD）进行。在进行方差分析前，响应变量的正态分布和同质性检验分别使用夏皮罗-威尔克检验法（Shapiro-Wilk）和 Levene 法。对于不符合正态分布的变量进行对数转化（log-transform）。采用斯皮尔曼相关性分析（Sperman correlation analysis）进行土壤微生物多样性、功能基因相对丰度与环境因子的相关关系分析。以上分析均通过 JMP 11.0.0（2013 SAS Institue Inc）完成。

基于 Bray-Curtis 距离，采用非度量多维尺度分析（non-metric multidimensional scaling，NMDS）和相似性分析（analysis of similarity，ANOSIM）相结合的方式，检验判断不同干旱气候带沙区间土壤细菌（真菌）群落结构的组间差异和组内差异，并将结果通过 R 语言进行可视化。使用 Mantel test 分析微生物群落结构与土壤理化性质之间的相关性，并结合方差膨胀因子（variance inflation factor，VIF）分析环境因子间的共线性，进而筛选影响微生物群落变化的最佳环境变量组合。使用典范对应分析（canonical correspondence analysis，CCA）或冗余分析（redundancy analysis，RDA）来确定最佳环境变量组合与土壤微生物群落间的关系，并通过变差分解分析（variation partitioning，VPA）来量化各环境变量对土壤微生物群落空间分布的贡献。采用回归分析探究土壤微生物群落相似性与地理距离、环境距离之间的响应规律，土壤微生物群落组成相似性通过计算 Bray-Curtis 距离，并进行 In 转换后表示；环境变量经标准化后用于计算欧式距离；地理距离根据采样地点的经纬度坐标计算。基于相似矩阵的多元回归分析（multiple regression on similarity matrices，MRM）是通过对土壤微生物群落相似性和全部测得的环境因子以及地理距离进行多元回归，回归分析前需要对自变量进行标准化，根据拟合模型结果筛选具有显著性的变量进行再次拟合回归。以上分析运用 R 语言软件（V3.2.2）进行数据的统计分析与作图，用到的程序包有 vegan、Imap、PCNM、MASS、Packfor、car、ecodist 等。

3.2.7 微生物群落互作网络研究

利用 16S rRNA 高通量测序数据研究微生物群落的互作网络关系。利用 R 语言的斯皮尔曼相关分析构建微生物群落互作网络并计算网络节点、边及网络图的拓扑结构。数据筛选条件为：①保留相对丰度大于 OTU 序列总数 0.01% 的优势 OTUs；②斯皮尔曼相关系数大于 0.65 的数据；③相关系数具有显著性（$P<0.050$）的数据。利用 Gephi 软件，将网络图进行可视化。根据节点拓扑特征模块间的连通度（P_i）和模块内的连通度（Z_i），将节点属性分为四种

类型：网络中心节点（network hubs，$Z_i > 2.5$；$P_i > 0.6$）、模块中心节点（module hubs，$Z_i > 2.5$；$P_i < 0.6$）、连接节点（connectors，$Z_i < 2.5$；$P_i > 0.6$）和外围节点（peripherals，$Z_i < 2.5$；$P_i < 0.6$）。这些算法是基于代谢网络的方法。

3.2.8 功能基因预测

使用 PICRUSt（phylogenetic investigation of communities by reconstruction of unobserved states）功能基因预测来调查土壤微生物的代谢潜力。将 OUT 表上传到 Galaxy 网络平台上的 PICRUSt 中进行分析，获得的结果可以通过 KEGG Orthology（Kyoto Encyclopedia of Genes and Genomes Orthologs）数据库进行 1～3 级分类。

4 土壤细菌多样性的空间分布特征及其影响因素

根据细菌 16S rRNA 高通量测序数据，本章探究了我国北方沙区土壤细菌群落组成和多样性在不同干旱气候带的分布情况，并结合气候（干燥度指数、降水量和温度）、土壤（土壤含水量、土壤碳氮磷含量、土壤 pH 等）和植物多样性等当代环境因子（环境因子）与历史进化因素（地理距离），探究了土壤细菌多样性空间分布的主要驱动因素。本章拟解决以下两个方面的问题：①对不同干旱气候带沙区土壤细菌群落结构及多样性（包括丰富度、均匀度）进行调查；②探究当代环境因子和历史进化因素对不同干旱气候带沙区土壤细菌群落空间分布的影响及其相对贡献。

根据干燥度指数，各干旱气候带沙区中的调查样点自东向西分别命名为干旱亚湿润沙区、半干旱沙区、干旱沙区和极端干旱沙区。

4.1 环境因子测量

本书测量了各调查样点共 11 种环境因子，包括土壤含水量、土壤 pH、土壤全氮、土壤全磷、土壤有机碳、土壤电导率、土壤速效磷、土壤无机碳、土壤微生物量氮、土壤微生物量碳，以及植被多样性。测量结果详见表 4.1。

由表 4.1 可知，土壤含水量变化范围为 0.003%～0.030%，土壤 pH 的变化范围为 6.95～9.14，土壤全氮的变化范围为 0.03～0.29 g·kg^{-1}，土壤全磷的变化范围为 81.17～514.79 mg·kg^{-1}，土壤有机碳的变化范围为 1.75～5.56 g·kg^{-1}，土壤电导率的变化范围为 24.71～3,498.82 μs·cm^{-1}，土壤速效磷的变化范围为 2.24～10.73 mg·kg^{-1}，土壤无机碳的变化范围为 0.03～117.33 g·kg^{-1}，土壤微生物量氮的变化范围为 2.69～17.45 mg·kg^{-1}，土壤微生物量碳的变化范围为 15.06～778.35 mg·kg^{-1}，植被多样性的变化范围为 0.29～2.31。

以上结果表明，本书研究设置的各调查样点的当代环境因子之间存在空间差异性。

表 4.1 中国北方沙区各调查样点的环境因子测量值

环境因子	HL	HQ	OD	HO	MU	TG	QB	UB	BJ	GT	KT	TK
土壤含水量 (%)	0.030±0.002	0.020±0.023	0.030±0.002	0.005±0.001	0.010±0.005	0.005±0.001	0.004±0.001	0.010±0.003	0.005±0.003	0.010±0.006	0.005±0.002	0.003±0.001
土壤 pH	6.99±0.23	7.37±0.69	6.95±1.11	8.40±2.01	8.54±1.23	9.00±1.56	9.02±1.83	9.06±1.71	9.00±1.34	9.12±1.92	9.14±1.54	8.75±1.25
土壤全氮 (g·kg⁻¹)	0.10±0.01	0.17±0.04	0.14±0.04	0.07±0.02	0.15±0.03	0.15±0.05	0.17±0.01	0.07±0.05	0.03±0.01	0.29±0.01	0.04±0.01	0.12±0.01
土壤全碳 (mg·kg⁻¹)	81.17±9.59	86.72±9.44	107.89±21.53	212.89±17.59	191.93±16.32	371.81±34.31	350.15±25.43	261.23±19.59	127.15±30.11	514.79±15.75	375.10±27.57	474.00±10.79
土壤有机碳 (g·kg⁻¹)	2.99±0.72	4.40±0.49	3.07±0.46	2.28±0.28	1.75±0.31	3.72±0.83	4.83±0.83	2.54±0.38	1.82±0.47	5.56±1.01	2.27±0.65	3.28±0.86
土壤电导率 (μs·cm⁻¹)	27.34±2.01	24.71±3.12	25.25±2.66	38.23±3.72	68.59±3.50	105.05±9.50	55.41±2.59	61.07±6.13	53.23±5.48	1793±906.63	178.73±81.71	3,498.82±847.22
土壤速效磷 (mg·kg⁻¹)	4.80±0.57	5.23±0.53	4.69±0.71	4.14±0.69	3.33±0.66	4.39±0.84	4.91±0.46	4.28±0.92	2.24±0.36	10.73±0.98	2.67±0.35	2.60±0.54
土壤无机碳 (g·kg⁻¹)	0.07±0.01	0.03±0.01	0.09±0.02	20.68±4.84	3.74±0.84	48.66±12.42	58.26±11.41	33.25±5.79	15.52±3.91	42.16±10.87	64.58±10.63	117.33±12.21
土壤微生物量氮 (mg·kg⁻¹)	—	7.62±1.13	—	3.56±1.26	—	7.36±2.18	—	3.63±1.47	2.69±0.42	17.45±2.85	3.14±0.86	12.78±6.26
土壤微生物量碳 (mg·kg⁻¹)	—	75.74±23.75	—	92.04±20.03	—	216.62±62.21	—	15.06±6.80	130.32±22.97	332.45±94.48	224.58±65.94	778.35±73.86
植被多样性	1.98±0.43	1.34±0.23	2.31±0.55	0.45±0.42	2.27±0.56	1.14±0.45	1.70±0.43	0.78±0.12	2.08±0.32	0.87±0.37	1.29±0.67	0.29±0.08

注：平均值±标准误差。

通过单因素方差分析，得到土壤、气候因素和植被多样性在不同干旱气候带沙区的变化情况，如图 4.1 所示。由图 4.1 可知，经度、年平均降水量和植被多样性的数值大小为干旱亚湿润沙区＞半干旱沙区＞干旱沙区＞极端干旱沙区，这表明地理位置越西的沙区越干旱，年平均降水量越小，植被多样性越弱。其中年平均降水量与干燥度指数具有显著相关性（$r = 0.934,1$，$P = 0.001$），共线性较强。而年平均温度、土壤 pH、土壤全磷和土壤无机碳具有相反的趋势，即干旱程度越大，年平均温度越高，土壤全磷和土壤无机碳含量越高。干旱亚湿润沙区的土壤含水量显著高于其他沙区。极端干旱沙区中，土壤电导率和土壤微生物量碳显著高于其他沙区，土壤速效磷显著低于其他沙区。土壤全氮、土壤微生物量氮和土壤有机碳在四个沙区分类间无显著差异。

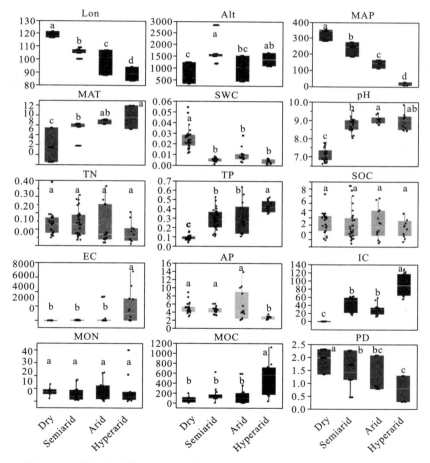

图 4.1　土壤、气候因素和植被多样性在不同干旱气候带沙区的变化情况

注：Dry 为干旱亚湿润沙区，Semiarid 为半干旱沙区，Arid 为干旱沙区，Hyperarid 为

极端干旱沙区，Lon 为经度，Alt 为海拔（m），MAP 为年平均降水量（mm），MAT 为年平均温度（℃），SWC 为土壤含水量（%），pH 为土壤 pH，TN 为土壤全氮（g·kg^{-1}），TP 为土壤全磷（g·kg^{-1}），SOC 为土壤有机碳（g·kg^{-1}），EC 为土壤电导率（μs·cm^{-1}），AP 为土壤速效磷（mg·kg^{-1}），IC 为土壤无机碳（g·kg^{-1}），MON 为土壤微生物量氮（mg·kg^{-1}），MOC 为土壤微生物量碳（mg·kg^{-1}），PD 为植被多样性。

4.2　土壤细菌的序列分布及其 OTUs

在我国北方沙区土壤样品中共测得 590 万条高质量序列，平均每个样品含有 25,213 条序列（序列数量范围为 17,026～41,131）。按照 97% 的序列相似性将所有样品的有效序列数据进行聚类，共得到 99,277 个 OTU。其中干旱亚湿润沙区包含 3 个取样点、62 个样品，共含有 523,791 条序列，平均 OTU 数量为 4,313 个；半干旱沙区包含 4 个取样点、45 个样品，共含有 649,190 条序列，平均 OTU 数量为 3,656 个；干旱沙区包含 3 个取样点、56 个样品，共含有 331,529 条序列，平均 OTU 数量为 3,065 个；极端干旱沙区包含 2 个取样点、30 个样品，共含有 330,682 条序列，平均 OTU 数量为 1,486 个。通过单因素方差分析检验，不同干旱气候带沙区间 OTU 数量具有显著差异，干旱亚湿润沙区的 OTU 数量最多，其次为半干旱沙区、干旱沙区和极端干旱沙区，详见表 4.2。

表 4.2　土壤细菌的序列分布及其 OUTs

分区	16S 序列数量（条）	OUTs（个）	取样点数/测试样品数
干旱亚湿润沙区	523,791	4,313±262[a]	3/62
半干旱沙区	649,190	3,656±252[ab]	4/45
干旱沙区	331,529	3,065±356[b]	3/56
极端干旱沙区	330,682	1,486±385[c]	2/30

注：不同小写字母表示不同干旱气候带沙区间的差异显著性（$P<0.050$）。

进一步对 OTU 的分布趋势进行研究，结果显示只在一个干旱气候带沙区出现的 OTU 数量占总 OTU 数量的 80.96%（80,370 个/99,277 个），在两个干旱气候带沙区均出现的 OTU 数量占总 OTU 数量的 11.55%（11,469 个/99,277 个），在三个干旱气候带沙区均出现的 OTU 数量占总 OTU 数量的 5.66%（5,619 个/99,277 个），在四个干旱气候带沙区均出现的 OTU 数量仅占总 OTU 数量的 1.83%（1,820 个/99,277 个）。由图 4.2 可知，分布越广的

OTU 其丰度越高，表明土壤细菌组成的主体为占总细菌数较小比例的高丰度优势细菌。

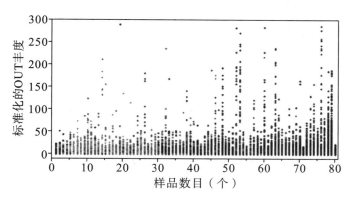

图 4.2 OTU 丰度与所检测到该 OTU 的样品个数的关系图

4.3 土壤细菌的物种分布

对我国北方沙区土壤样品中 98.60％的序列进行分类鉴定，结果如图 4.3 所示，在主要的优势菌门（相对丰度＞1％）中，变形菌门（Proteobacteria）占总序列的 29.05％，放线菌门（Actinobacteria）占总序列的 20.66％，厚壁菌门（Firmicutes）占总序列的 14.53％，拟杆菌门（Bacteroidetes）占总序列的 12.70％，酸杆菌门（Acidobacteria）占总序列的 8.76％，绿弯菌门（Chloroflexi）占总序列的 2.34％，浮霉菌门（Planctomycetes）占总序列的 1.80％，疣微菌门（Verrucomicrobia）占总序列的 1.72％，蓝藻菌门（Cyano-bacteria）占总序列的 1.66％，芽单胞菌门（Gemmatimonadetes）占总序列的 1.45％，暂定螺旋体门（Candidatus Saccharibacteria）占总序列的 1.03％。这些优势细菌门占总序列的 95.71％，未被识别和鉴定的为未分类门，其序列占总序列 1.40％，此外还有 37 个稀有类群（其他）被发现，占总序列的 2.89％。不同分类水平下的土壤优势细菌在不同干旱气候沙区的相对丰度见附录 A。

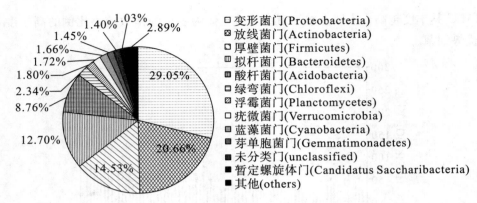

图 4.3　土壤优势菌门及其相对丰度

图 4.4 显示了我国北方沙区不同干旱气候带中，土壤细菌在纲、目、科、属四个分类水平下的优势类群（相对丰度＞1％）及其相对丰度。在纲水平下，优势类群有放线菌纲（Actinobacteria）、α-变形菌纲（Alphaproteobacteria）、芽孢杆菌纲（Bacilli）、鞘脂杆菌纲（Sphingobacteriia）、γ-变形菌纲（Gammaproteobacteria）、β-变形菌纲（Betaproteobacteria）、纤维粘网菌（Cytophagia）、酸杆菌门 Gp4（Acidobacteria_Gp4）、δ-变形菌纲（Deltaproteobacteria）、浮霉菌纲（Planctomycetacia）、梭菌纲（Clostridia）、芽单胞菌纲（Gemmatimonadetes）、蓝藻纲（Cyanobacteria）、黄杆菌纲（Flavobacteria）、酸杆菌门 Gp16（Acidobacteria_Gp16）、酸杆菌门 Gp3（Acidobacteria_Gp3）、酸杆菌门 Gp6（Acidobacteria_Gp6）。

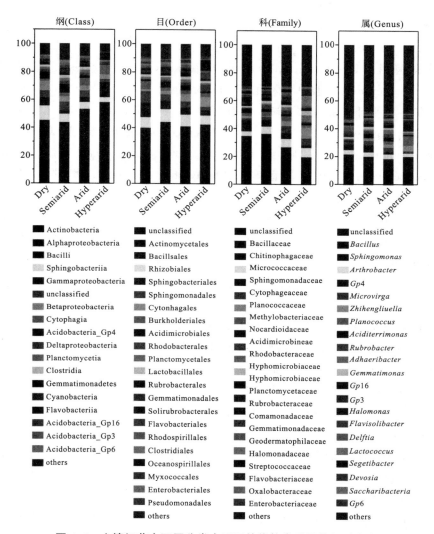

图 4.4 土壤细菌在不同分类水平下的优势类群及其相对丰度

注：Dry 为干旱亚温润沙区，Semiarid 为半干旱沙区，Arid 为干旱沙区，Hyperarid 为极端干旱沙区。

在目水平下，优势类群有放线菌目（Actinomycetales）、芽孢杆菌目（Bacillales）、根瘤菌目（Rhizobiales）、鞘脂杆菌目（Sphingobacteriales）、鞘脂单胞菌目（Sphingomonadales）、噬纤维菌目（Cytophagales）、伯克氏菌目（Burkholderiales）、酸微菌目（Acidimicrobiales）、红杆菌目（Rhodobacterales）、浮霉菌目（Planctomycetales）、乳杆菌目（Lactobacillales）、红色杆菌目（Rubrobacterales）、芽单胞菌目

（Gemmatimonadales）、土壤红杆菌目（Solirubrobacterales）、黄杆菌目（Flavobacteriales）、红螺菌目（Rhodospirillales）、梭菌目（Clostridiales）、海洋螺菌目（Oceanospirillales）、黏球菌目（Myxococcales）、肠杆菌目（Enterobacteriales）、假单胞菌目（Pseudomonadales）。

在科水平下，优势类群有芽孢杆菌科（Bacillaceae）、噬几丁质菌科（Chitinophagaceae）、微球菌科（Micrococcaceae）、鞘脂单胞菌科（Sphingomonadaceae）、噬纤维菌科（Cytophagaceae）、动球菌科（Planococcaceae）、甲基杆菌科（Methylobacteriaceae）、类诺卡氏菌科（Nocardioidaceae）、酸微菌科（Acidimicrobiaceae）、红杆菌科（Rhodobacteraceae）、生丝微菌科（Hyphomicrobiaceae）、浮霉菌科（Planctomycetaceae）、红色杆菌科（Rubrobacteraceae）、丛毛单胞菌科（Comamonadaceae）、芽单胞菌科（Gemmatimonadaceae）、地嗜皮菌科（Geodermatophilaceae）、盐单胞菌科（Halomonadaceae）、链球菌科（Streptococcaceae）、黄杆菌科（Flavobacteriaceae）、草酸杆菌科（Oxalobacteraceae）、肠杆菌科（Enterobacteriaceae）。

在属水平下，优势类群有芽孢杆菌属（*Bacillus*）、鞘脂单胞菌属（*Sphingomonas*）、节杆菌属（*Arthrobacter*）、*Gp*4、微小杆菌属（*Microvirga*）、刘志恒氏菌属（*Zhihengliuella*）、动性球菌属（*Planococcus*）、酸土单胞菌属（*Aciditerrimonas*）、红色杆菌属（*Rubrobacter*）、*Adhaeribacter*、芽单胞菌属（*Gemmatimonas*）、*Gp*16、*Gp*3、盐单胞菌属（*Halomonas*）、黄色土源菌属（*Flavisolibacter*）、代尔夫特菌属（*Delftia*）、乳球菌属（*Lactococcus*）、*Segetibacter*、德沃斯氏菌属（*Devosia*）、*Saccharibacteria*、*Gp*6。

为了探究土壤细菌群落间潜在的相互作用关系以及重要类群的共生关系，我们以 OTUs 相对丰度作为节点，根据 FDR 调整 P 值的斯皮尔曼（Spearman）秩和相关丰度的相关性，建立我国北方沙区不同干旱气候带土壤细菌群落的共现网络，计算得到网络拓扑特征及门水平下的优势类群（相对丰度>1%），结果见表 4.3，由此可知，干旱亚湿润沙区土壤细菌网络有 442 个总节点、1,993 个总连接，半干旱沙区有 309 个总节点、1,585 个总连接，干旱沙区有 197 个总节点、862 个总连接，极端干旱沙区有 109 个总节点、697 个总连接。随着干旱程度的增加，共现网络的总节点数和总连接数呈减少趋势，表明干旱程度的增加降低了土壤细菌网络的复杂程度和细菌群落间联系的紧密程度。此外，极端干旱沙区的网络模块指数和模块数显著低于其他沙区，表明极端干旱沙区的细菌网络系统对外界变化的抗性较低。平均连接度、网络密度和平均聚类系数，从干旱亚湿润沙区到极端干旱沙区呈增加趋势，表明随着干旱程度的增加，土壤细菌网络整体的连通程度和凝聚性增强。在整个沙区中，土壤细菌间的正相关边数较多，各沙区均大于65%。

表 4.3　土壤细菌的网络拓扑特征比较

网络指标	干旱亚湿润沙区	半干旱沙区	干旱沙区	极端干旱沙区
相似度阈值	0.65	0.65	0.65	0.65
总节点数（个）	442	309	197	109
总连接数（个）	1,993	1,585	862	697
模块指数（个）	0.57	0.55	0.57	0.51
模块数（个）	17	13	16	5
平均连接度	9.02	10.26	8.75	12.79
平均路径距离	3.83	3.69	3.52	2.90
网络密度	0.02	0.03	0.04	0.12
平均聚类系数	0.391	0.440	0.465	0.585
正相关边数（%）	71.50	83.22	65.55	80.34
负相关边数（%）	28.50	16.78	34.45	19.66

我们将细菌网络按照门水平进行分类并可视化，得到图4.5，可以更直观地看出不同干旱气候带沙区土壤细菌网络结构及核心细菌门类的差异，从干旱亚湿润沙区到极端干旱沙区，土壤细菌网络结构逐渐趋于简单，细菌门分类个数和优势门个数均减少。干旱亚湿润沙区土壤细菌网络由18种细菌门组成，其中相对丰度大于1%的优势细菌门有11种，分别为变形菌门、放线菌门、拟杆菌门、酸杆菌门、厚壁菌门、绿弯菌门、疣微菌门、暂定螺旋体门、芽单胞菌门、浮霉菌门和硝化螺旋菌门；半干旱沙区土壤细菌网络由14种细菌门组成，其中相对丰度大于1%的优势细菌门有10种，分别为变形菌门、放线菌门、酸杆菌门、拟杆菌门、厚壁菌门、绿弯菌门、浮霉菌门、芽单胞菌门和两个未分类门；干旱沙区土壤细菌网络由11种细菌门组成，其中相对丰度大于1%的优势细菌门有10种，分别为变形菌门、放线菌门、厚壁菌门、拟杆菌门、酸杆菌门、绿弯菌门、未分类门、浮霉菌门、栖热菌门和硝化螺旋菌门；极端干旱沙区土壤细菌网络由7种细菌门组成，其中相对丰度大于1%的优势细菌门有5种，分别为变形菌门、厚壁菌门、放线菌门、拟杆菌门和浮霉

菌门。此外，不同干旱气候带沙区中优势菌门的相对丰度具有显著差异，例如变形菌门在干旱亚湿润沙区和极端干旱沙区的相对丰度最高，在半干旱沙区和干旱沙区的相对丰度最低。相对于变形菌门，放线菌门在干旱亚湿润沙区和极端干旱沙区的相对丰度最低，在半干旱沙区和干旱沙区的相对丰度最高。厚壁菌门在极端干旱沙区的相对丰度最高。拟杆菌门在半干旱沙区的相对丰度最低，酸杆菌门在半干旱沙区的相对丰度最高。

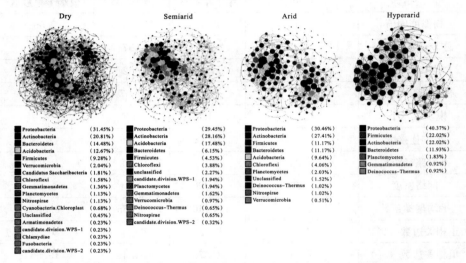

图 4.5 不同干旱气候带沙区土壤细菌群落的共现网络结构

注：Dry 为干旱亚湿润沙区，Semiarid 为半干旱沙区，Arid 为干旱沙区，Hyperarid 为极端干旱沙区。节点大小与节点连通性成正比。

分析不同干旱气候带沙区土壤细菌群落网络节点的拓扑作用，得到图 4.6，在不同干旱气候带沙区中均未发现网络中心节点，不同干旱气候带沙区外围节点均占总节点数的 93% 以上。从干旱亚湿润沙区到极端干旱沙区，连接节点数依次为 18 个、9 个、4 个和 1 个，模块中心节点数依次为 11 个、7 个、2 个和 0 个。连接节点和模块中心节点是网络系统中两大重要节点，分别代表连接模块的主要菌群和模块内高度连接的主要菌群。干旱亚湿润沙区中检测到的连接节点包括变形菌门下 6 个根瘤菌目（Rhizobiales）、鞘脂单胞菌目（Sphingomonadales）、伯克霍尔德氏菌目（Burkholderiales）和外硫红螺旋菌科（Ectothiorhodospiraceae），拟杆菌门下 4 个鞘脂杆菌目（Sphingobacteriales）和噬纤维菌目（Cytophagales），酸酐菌门下 Gp4，放线菌门下动孢囊菌科（Kineosporiaceae），厚壁菌门下芽孢杆菌目（Bacillales），芽单胞菌门下芽单胞菌目（Gemmatimonadales）；检测到的模块中心节点包括变形菌门下的 2 个伯克霍尔德氏菌目（Burkholderiales）、根瘤菌目（Rhizobiales）、鞘脂单胞菌目（Sphingomonadales）、红螺菌目（Rhodospirillales）、黄色单胞菌目（Xanthomonadales）和 β-变形菌纲（Betaproteobacteria），酸杆菌门下的 Gp3、Gp4 和 Gp6，放线菌门下的红色杆菌目（Rubrobacterales）。半干旱沙区中检测到的连接节点包括变形菌门下的伯克霍尔德氏菌目（Burkholderiales）、根瘤菌目（Rhizobiales）和红螺菌目（Rhodospirillales），酸酐菌门下的 Gp4 和 Gp6，放线菌门下的纤维素单胞菌（Cellulomonas），厚壁菌门下的动性球菌科（Planococcaceae）和未分类菌 WPS-1；检测到的模块中心节点包括酸杆菌门下的 Gp3、Gp4 和 Gp6，放线菌门下的红色杆菌目（Rubrobacterales），绿弯菌门下的球杆菌目（Sphaerobacterales），厚壁菌门下的乳酸杆菌目（Lactobacillales）和芽单胞菌门下的芽单胞菌目（Gemmatimonadales）。干旱沙区中检测到的连接节点包括变形菌门下的伯克霍尔德氏菌目（Burkholderiales）、根瘤菌目（Rhizobiales）和红螺菌目（Rhodospirillales），放线菌门下的红色杆菌目（Rubrobacterales）；检测到的模块中心节点包括变形菌门下的假单胞菌目（Pseudomonadales）和厚壁菌门下的动性球菌科（Planococcaceae）。极端干旱沙区中检测到的连接节点包括变形菌门下的根瘤菌目（Rhizobiales）。不同干旱气候带沙区土壤细菌的具体分类见表 4.4。

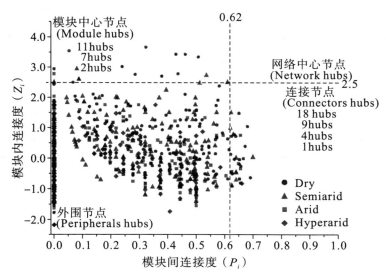

图 4.6　不同干旱气候带沙区土壤细菌群落网络节点的拓扑作用

注：Dry 为干旱亚湿润沙区，Semiarid 为半干旱沙区，Arid 为干旱沙区，Hyperarid 为

极端干旱沙区，Z_i 和 P_i 用于分类操作单元的阈值分别为 2.5 和 0.62。

表 4.4 不同干旱气候带沙区土壤细菌的具体分类

连接节点（Connectors hubs）	
干旱亚湿润沙区	1. Acidobacteria, Acidobacteria_Gp4, NA, NA, *Gp*4 2. Actinobacteria, Actinobacteria, Actinomycetales, Kineosporiaceae, *Angustibacter* 3. Bacteroidetes, Cytophagia, Cytophagales, Cytophagaceae, Fibrella 4. Bacteroidetes, Sphingobacteriia, Sphingobacteriales, Chitinophagaceae, unclassified 5. Bacteroidetes, Sphingobacteriia, Sphingobacteriales, Chitinophagaceae, Chitinophaga 6. Bacteroidetes, Sphingobacteriia, Sphingobacteriales, Chitinophagaceae, unclassified 7. Bacteroidetes, Sphingobacteriia, Sphingobacteriales, Chitinophagaceae, *Flavitalea* 8. Firmicutes, Bacilli, Bacillales, Paenibacillaceae, *Paenibacillus* 9. Gemmatimonadetes, Gemmatimonadetes, Gemmatimonadales, Gemmatimonadaceae, *Gemmatimonas* 10. Proteobacteria, Alphaproteobacteria, Rhizobiales, Methylobacteriaceae, *Microvirga* 11. Proteobacteria, Alphaproteobacteria, Rhizobiales, Xanthobacteraceae, *Labrys* 12. Proteobacteria, Alphaproteobacteria, Rhizobiales, Methylobacteriaceae, *Methylobacterium* 13. Proteobacteria, Alphaproteobacteria, Rhizobiales, Bradyrhizobiaceae, *Bosea* 14. Proteobacteria, Alphaproteobacteria, Rhizobiales, Rhodobiaceae, *Anderseniella* 15. Proteobacteria, Alphaproteobacteria, Sphingomonadales, Sphingomonadaceae, *Novosphingobium* 16. Proteobacteria, Alphaproteobacteria, Rhizobiales, Methylobacteriaceae, *Microvirga* 17. Proteobacteria, Betaproteobacteria, Burkholderiales, unclassified, unclassified 18. Proteobacteria, Gammaproteobacteria, Chromatiales, Ectothiorhodospiraceae, unclassified
半干旱沙区	1. Acidobacteria, Acidobacteria_Gp16, NA, NA, *Gp*16 2. Acidobacteria, Acidobacteria_Gp4, NA, NA, *Gp*4 3. Actinobacteria, Actinobacteria, Actinomycetales, Cellulomonadaceae, *Cellulomonas* 4. candidate division WPS-1, NA, NA, NA, *WPS*-1_*genera_incertae_sedis* 5. Firmicutes, Bacilli, Bacillales, Planococcaceae, *Planococcus* 6. Proteobacteria, Alphaproteobacteria, Rhodospirillales, Acetobacteraceae, *Belnapia* 7. Proteobacteria, Alphaproteobacteria, Rhizobiales, Rhodobiaceae, *Afifella* 8. Proteobacteria, Betaproteobacteria, Burkholderiales, Oxalobacteraceae, *Noviherbaspirillum* 9. unclassified, unclassified, unclassified, unclassified, unclassified
干旱沙区	1. Actinobacteria, Actinobacteria, Rubrobacterales, Rubrobacteraceae, *Rubrobacter* 2. Proteobacteria, Alphaproteobacteria, Rhodospirillales, Acetobacteraceae, *Roseomonas* 3. Proteobacteria, Alphaproteobacteria, Rhizobiales, Beijerinckiaceae, *Chelatococcus* 4. Proteobacteria, Betaproteobacteria, Burkholderiales, Comamonadaceae, *Limnohabitans*
极端干旱沙区	1. Proteobacteria, Alphaproteobacteria, Rhizobiales, Hyphomicrobiaceae, *Devosia*

模块中心节点（Module hubs）	
干旱亚湿润沙区	1. Acidobacteria，Acidobacteria _ Gp1，NA，NA，*Gp1* 2. Acidobacteria，Acidobacteria _ Gp3，NA，NA，*Gp3* 3. Acidobacteria，Acidobacteria _ Gp4，NA，NA，*Blastocatella* 4. Actinobacteria，Actinobacteria，Rubrobacterales，Rubrobacteraceae，*Rubrobacter* 5. Proteobacteria，Alphaproteobacteria，Sphingomonadales，Sphingomonadaceae，*Sphingomonas* 6. Proteobacteria，Alphaproteobacteria，Rhodospirillales，Rhodospirillaceae，*Skermanella* 7. Proteobacteria，Alphaproteobacteria，Rhizobiales，Hyphomicrobiaceae，*Hyphomicrobium* 8. Proteobacteria，Betaproteobacteria，Burkholderiales，Burkholderiaceae，*Burkholderia* 9. Proteobacteria，Betaproteobacteria，Burkholderiales，Comamonadaceae，*Delftia* 10. Proteobacteria，Betaproteobacteria 11. Proteobacteria，Gammaproteobacteria，Xanthomonadales，Sinobacteraceae，*Steroidobacter*
半干旱沙区	1. Acidobacteria，Acidobacteria _ Gp3，NA，NA，*Gp3* 2. Acidobacteria，Acidobacteria _ Gp4，NA，NA，*Blastocatella* 3. Acidobacteria，Acidobacteria _ Gp6，NA，NA，*Gp6* 4. Actinobacteria，Actinobacteria，Rubrobacterales，Rubrobacteraceae，*Rubrobacter* 5. Chloroflexi，Thermomicrobia，Sphaerobacterales，Sphaerobacteraceae，*Sphaerobacter* 6. Firmicutes，Bacilli，Lactobacillales，Streptococcaceae，*Lactococcus* 7. Gemmatimonadetes，Gemmatimonadetes，Gemmatimonadales，Gemmatimonadaceae，*Gemmatimonas*
干旱沙区	1. Firmicutes，Bacilli，Bacillales，Planococcaceae，*Caryophanon* 2. Proteobacteria，Gammaproteobacteria，Pseudomonadales，Moraxellaceae，*Acinetobacter*

注：表中土壤细菌分类使用以下层次结构描述：门、纲、目、科、属。NA为未分类。

4.4 土壤细菌的 α-多样性

研究人员利用OTU丰富度指数评估细菌的分类学丰富度（即物种数量），用香农-威纳指数和ACE指数分析细菌群落的多样性，通过单因素方差分析检验不同干旱气候带沙区的α-多样性的差异，结果如图4.7所示，不同干旱气候带沙区的土壤细菌的物种数量和多样性均具有显著性差异，基本表现为干旱亚湿润沙区＞半干旱沙区＞干旱沙区＞极端干旱沙区。

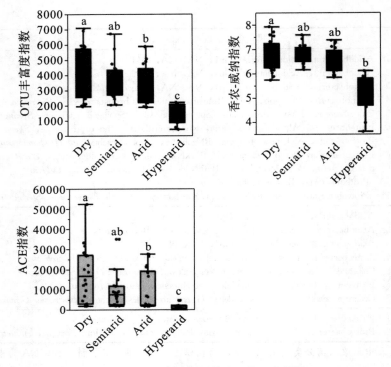

图 4.7   不同干旱气候带沙区的 α-多样性

注：Dry 为干旱亚湿润沙区，Semiarid 为半干旱沙区，Arid 为干旱沙区，Hyperarid 为极端干旱沙区。图中不同小写字母表示统计结果的差异显著性。

分析 α-多样性和环境因子的相关关系，结果见表 4.5，在整个研究区尺度下，土壤细菌丰富度和多样性与干燥度指数、植被多样性、土壤含水量、土壤 pH、土壤全磷、土壤电导率和土壤速效磷相关性显著，与年平均气温和土壤有机碳相关性不显著。海拔与细菌丰富度成显著负相关（$r = -0.278,7$，$P < 0.050$），与细菌多样性相关性不显著。土壤全氮与细菌多样性相关性显著（$r = 0.273,4$，$P < 0.001$），与细菌丰富度相关性不显著。干燥度指数与细菌丰富度（$r = 0.501,9$，$P < 0.001$）和多样性（$r = 0.498,3$，$P < 0.001$）的相关性最显著。

表 4.5   α-多样性指数与环境变量的 Spearman 秩相关系数

系数	OTU 丰富度指数	香农-威纳指数
AI	0.501,9***	0.498,3***
Alt	−0.278,7*	−0.115,9
MAT	−0.173,2	−0.098,5

系数	OTU 丰富度指数	香农-威纳指数
PD	0.263,7*	0.303,2**
SWC	0.415,2***	0.472,0***
pH	−0.310,6**	−0.235,7*
TP	−0.486,9***	−0.374,5***
SOC	0.013,3	0.013,7
TN	0.170,8	0.273,4*
EC	−0.501,4***	−0.415,1***
AP	0.354,7**	0.421,6***

注:"*"符号代表相关显著性(* 为 $P<0.050$;** 为 $P<0.010$;*** 为 $P<0.001$)。AI 为干燥度指数,Alt 为海拔(m),MAT 为年平均温度(℃),PD 为植被多样性,SWC 为土壤含水量(%),pH 为土壤 pH,TP 为土壤全磷(g·kg^{-1}),SOC 为土壤有机碳(g·kg^{-1}),TN 为土壤全氮(g·kg^{-1}),EC 为土壤电导率(μs·cm^{-1}),AP 为土壤有效磷(mg·kg^{-1})。

4.5 土壤细菌的 β-多样性

我们通过非度量多维尺度分析(NMDS)对我国北方沙区土壤细菌群落组成进行降维排序,以样本点之间的距离反映样本间细菌群落组成的变化,如图 4.8 所示。由图 4.8 可知,我国北方沙区土壤细菌群落在空间分布上具有一定连续性,按不同干旱气候带在空间分布上聚集,即同一干旱气候带沙区土壤中细菌群落距离更近,相似度更高。

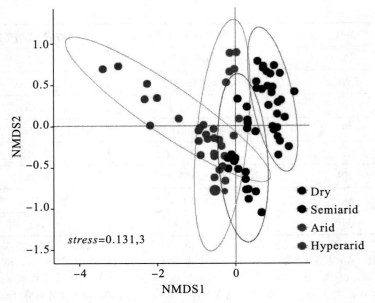

图 4.8 土壤细菌群落组成的非度量多维尺度分析

注：Dry 为干旱亚湿润沙区，Semiarid 为半干旱沙区，Arid 为干旱沙区，Hyperarid 为极端干旱沙区。

图 4.9 显示在研究区尺度下，不同干旱气候带沙区土壤细菌群落结构组成的组间差异大于组内差异（$r=0.738,0$；$P=0.001$）。表 4.6 为不同干旱气候带沙区组间相似性分析结果，由表可知 r 值均大于 0，说明组间差异大于组内差异；P 值均小于 0.050，说明组间差异显著。其中，干旱亚湿润沙区与极端干旱沙区组间差异最大，半干旱沙区与干旱沙区组间差异最小。不同干旱气候带沙区组间干旱程度差异越大其 r 值越大、P 值越小，表明相对差异越大时差异检验结果越显著。

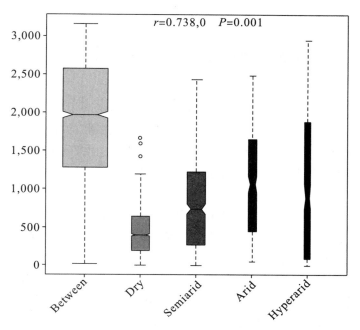

图 4.9 不同干旱气候带沙区土壤细菌群落组间相似性分析

注：Dry 为干旱亚湿润沙区，Semiarid 为半干旱沙区，Arid 为干旱沙区，Hyperarid 为极端干旱沙区。

表 4.6 不同干旱气候带沙区组间相似性分析

组	r 值	P 值
干旱亚湿润沙区-半干旱沙区	0.898,3	0.001
干旱亚湿润沙区-干旱沙区	0.935,4	0.001
干旱亚湿润沙区-极端干旱沙区	0.994,2	0.001
半干旱沙区-干旱沙区	0.110,3	0.027
半干旱沙区-极端干旱沙区	0.710,6	0.001
干旱沙区-极端干旱沙区	0.525,6	0.001

注：r 值的取值范围（−1,1）；$r>0$，说明组间差异大于组内差异，即组间差异显著；$r<0$，说明组内差异大于组间差异；r 值的绝对值越大表明相对差异越大。P 值越低表明这种差异检验结果越显著，$P<0.050$ 为显著性水平界限。

4.6 影响土壤细菌群落结构的环境变量

为了探究影响我国北方沙区土壤细菌群落结构的环境变量，我们根据所有已检测的环境因子，筛选出影响土壤细菌群落结构变化的环境变量组合，并对其进行冗余分析（RDA）或典范对应分析（CCA），结果如图 4.10 所示。采用蒙特卡洛置换检验环境变量与土壤细菌群落结构的相关性（$permutations=$ 999），结果见表 4.7。

结果显示，干旱亚湿润沙区中影响土壤细菌群落结构的环境变量主要有干燥度指数、植被多样性、土壤 pH 和土壤含水量。这四个环境变量对土壤细菌群落结构的影响具有显著性（$P=0.001$）。其中，干燥度指数对土壤细菌群落结构的影响最大（$r=0.541,5$，$P=0.001$），植被多样性对土壤细菌群落结构的影响次之（$r=0.455,1$，$P=0.001$），相对影响最小的是土壤 pH（$r=0.320,9$，$P=0.001$）和土壤含水量（$r=0.320,4$，$P=0.002$）。环境变量对土壤细菌群落结构的总解释量为 35.66%，RDA1 和 RDA2 轴分别能解释 22.51% 和 13.15% ［见图 4.10（a）］。

半干旱沙区中影响土壤细菌群落结构的环境变量主要有植被多样性、土壤电导率和土壤 pH。这三个环境变量对土壤细菌群落结构的影响具有显著性（$P=0.001$）。其中，植被多样性对土壤细菌群落结构影响最大（$r=0.675,5$，$P=0.001$），土壤电导率对土壤细菌群落结构的影响次之（$r=0.536,8$，$P=0.001$），相对影响最小的是土壤 pH（$r=0.479,6$，$P=0.001$）。环境变量对土壤细菌群落结构的总解释量为 41.14%，RDA1 和 RDA2 轴分别能解释 27.75% 和 13.39% ［见图 4.10（b）］。

干旱沙区中影响土壤细菌群落结构的环境变量主要有土壤全氮和土壤全磷。这两个环境变量对土壤细菌群落结构的影响具有显著性（$P=0.001$）。其中，土壤全氮对土壤细菌群落结构的影响最大（$r=0.449,7$，$P=0.001$），土壤全磷对土壤细菌群落结构的影响次之（$r=0.420,5$，$P=0.001$）。环境变量对土壤细菌群落结构的总解释量为 31.13%，RDA1 和 RDA2 轴分别能解释 20.45% 和 10.68% ［见图 4.10（c）］。

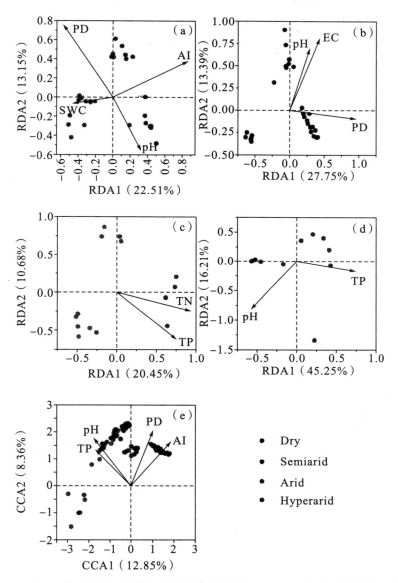

图 4.10 不同干旱气候带沙区土壤细菌群落结构的冗余分析（典范对应分析）

注：（a）为干旱亚湿润沙区，（b）为半干旱沙区，（c）为干旱沙区，（d）为极端干旱沙区，（e）为整个研究区。

表 4.7　影响土壤细菌群落结构的环境变量筛选

分区	环境变量	r 值	P 值
干旱亚湿润沙区	AI	0.541,5	0.001
	PD	0.455,1	0.001
	pH	0.320,9	0.001
	SWC	0.320,4	0.002
半干旱沙区	PD	0.675,5	0.001
	EC	0.536,8	0.001
	pH	0.479,6	0.001
干旱沙区	TN	0.449,7	0.001
	TP	0.420,5	0.001
极端干旱沙区	pH	0.769,3	0.001
	TP	0.755,4	0.001
整个研究区	AI	0.610,7	0.001
	TP	0.502,8	0.001
	pH	0.476,1	0.001
	PD	0.344,1	0.001

注：PD 为植被多样性，AI 为干燥度指数，SWC 为土壤含水量（％），pH 为土壤 pH，TP 为土壤全磷（g·kg^{-1}），TN 为土壤全氮（g·kg^{-1}），EC 为土壤电导率（μs·cm^{-1}）。

极端干旱沙区中影响土壤细菌群落结构的环境变量主要有土壤 pH 和土壤全磷。这两个环境变量对土壤细菌群落结构的影响具有显著性（$P=0.001$）。其中，土壤 pH 对土壤细菌群落结构的影响最大（$r=0.769,3$，$P=0.001$），土壤全磷对土壤细菌群落结构的影响次之（$r=0.755,4$，$P=0.001$）。环境变量对土壤细菌群落结构的总解释量为 61.46％，RDA1 和 RDA2 轴分别能解释 45.25％和 16.21％［见图 4.10（d）］。

在整个研究区，影响沙区土壤细菌群落结构的环境变量主要有干燥度指数、土壤全磷、土壤 pH 和植被多样性。这四个环境变量对土壤细菌群落结构的影响具有显著性（$P=0.001$）。其中，干燥度指数对土壤细菌群落结构的影响最大（$r=0.610,7$，$P=0.001$），土壤全磷对土壤细菌群落结构的影响次之（$r=0.502,8$，$P=0.001$），相对影响最小的是土壤 pH（$r=0.476,1$，$P=0.001$）和植被多样性（$r=0.344,1$，$P=0.001$）。环境变量对土壤细菌群落结构的总解释量为 21.21％，其中轴 CCA1 和 CCA2 轴分别能解释 12.85％和

8.36% [见图 4.10 (e)]。

我们通过变差分解分析（VPA）分别确定所选环境变量对土壤细菌群落结构的贡献，用解释量来表征，结果见表 4.8。

表 4.8　影响土壤细菌群落结构的环境变量的变差分解分析

分区	序号	环境变量	解释量	P 值
干旱亚湿润沙区	1	AI ｜ PD + pH + SWC	15.16%	0.001
	2	PD ｜ AI + pH + SWC	4.98%	0.001
	3	pH ｜ AI + PD + SWC	1.96%	0.009
	4	SWC ｜ AI + PD + pH	1.21%	0.064
半干旱沙区	1	PD ｜ EC + pH	24.56%	0.001
	2	EC ｜ PD + pH	6.75%	0.001
	3	pH ｜ PD + EC	4.33%	0.002
干旱沙区	1	TN ｜ TP	9.20%	0.003
	2	TP ｜ TN	5.45%	0.078
极端干旱沙区	1	TP ｜ pH	34.34%	0.001
	2	pH ｜ TP	14.02%	0.002
整个研究区	1	AI ｜ pH + PD + TP	5.62%	0.001
	2	pH ｜ AI + PD + TP	4.15%	0.001
	3	PD ｜ pH + AI + TP	4.09%	0.001
	4	TP ｜ pH + AI + PD	2.57%	0.001

注：PD 为植被多样性，AI 为干燥度指数，SWC 为土壤含水量（%），pH 为土壤 pH，TP 为土壤全磷（g·kg^{-1}），TN 为土壤全氮（g·kg^{-1}），EC 为土壤电导率（μs·cm^{-1}）。

由表 4.8 可知，干旱亚湿润沙区中干燥度指数、植被多样性、土壤 pH 和土壤含水量对土壤细菌群落结构的贡献分别是 15.16%、4.98%、1.96% 和 1.21%，环境变量的总贡献为 23.31%。

半干旱沙区中植被多样性、土壤电导率和土壤 pH 对土壤细菌群落结构的贡献分别是 24.56%、6.75% 和 4.33%，环境变量的总贡献为 35.64%。

干旱沙区中土壤全氮和土壤全磷对土壤细菌群落结构的贡献分别是 9.20% 和 5.45%，环境变量的总贡献为 14.65%。

极端干旱沙区中土壤全磷和土壤 pH 对土壤细菌群落结构的贡献分别是 34.34% 和 14.02%，环境变量的总贡献为 48.36%。

在整个研究区中土壤 pH、干燥度指数、植被多样性和土壤全磷对土壤细菌群落结构的贡献分别是 5.62%、4.15%、4.09%和 2.57%，环境变量的总贡献为 16.43%。

4.7 环境因子与地理距离对土壤细菌群落空间分布的影响

为了研究环境变化对土壤细菌群落空间分布的影响，我们将所选择的环境变量标准化并转化为欧几里得成对距离（Euclidean distance）矩阵，确定土壤细菌群落空间分布（Bray-Curits 距离）随环境变化的响应规律。由图 4.11 可知，在不同干旱气候带沙区和整个研究区，土壤细菌群落相似性都随环境距离的增加而显著降低。在干旱亚湿润沙区、半干旱沙区和极端干旱沙区，土壤细菌群落相似性随环境距离的增加而减小的趋势较为明显（$slope = -0.248$，$slope = -0.418$ 和 $slope = -0.335$，$P < 0.001$）；在干旱沙区群落相似性随环境距离的增加而减小的趋势较弱（$slope = -0.098$，$P < 0.001$）；在整个研究区尺度，土壤细菌群落相似性随环境距离的增加而减小的趋势最大（$slope = -0.453$，$P < 0.001$）。

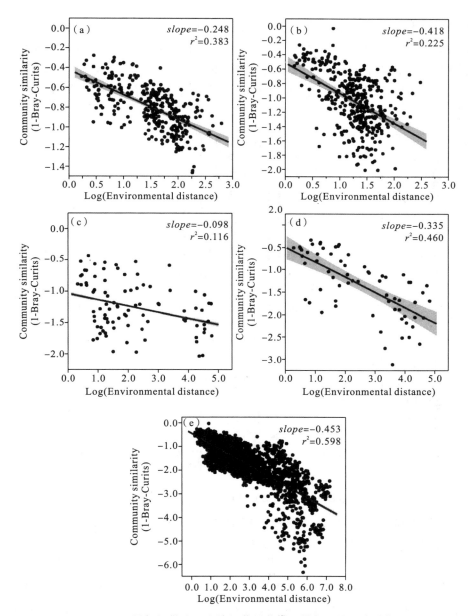

图 4.11 不同干旱气候带沙区土壤细菌群落相似性与环境距离的相关关系

注：（a）为干旱亚湿润沙区，（b）为半干旱沙区，（c）为干旱沙区，（d）为极端干旱沙区，（e）为整个研究区。

为了研究土壤细菌群落在不同干旱气候带沙区中的距离-衰减关系，我们将地理距离转化为分别对应四个不同干旱气候带沙区的空间距离矩阵，以比较不同干旱气候带沙区的土壤细菌群落相似性随地理距离的变化规律。由图 4.12 可知，不同干旱气候带沙区的土壤细菌群落相似性均随着地理距离的增加呈显著减小的趋势，且距离-衰减曲线的回归斜率在 0.044～0.136 之间，表明不同干旱气候带沙区的土壤细菌群落都存在显著的物种周转或更替。

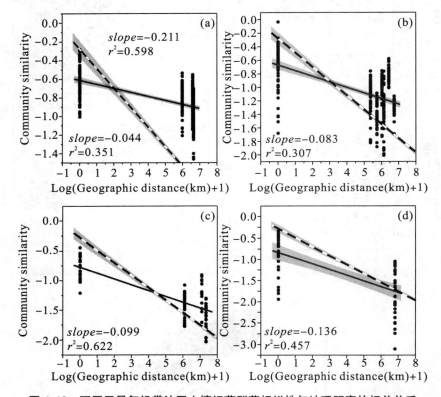

图 4.12　不同干旱气候带沙区土壤细菌群落相似性与地理距离的相关关系

注：虚线代表整个研究区的距离-衰减曲线，实线代表各干旱气候带沙区的距离-衰减曲线。(a) 为干旱亚湿润沙区，(b) 为半干旱沙区，(c) 为干旱沙区，(d) 为极端干旱沙区。

　　此外，不同干旱气候带沙区土壤细菌群落的距离-衰减率随干旱程度的增大而增大，具体为干旱亚湿润沙区（$slope = -0.044$，$P < 0.001$）<半干旱沙区（$slope = -0.083$，$P < 0.001$）<干旱沙区（$slope = -0.099$，$P < 0.001$）<极端干旱沙区（$slope = -0.136$，$P < 0.001$），表明随干旱程度的增加，土壤细菌群落相似性随地理距离的增加而减小的趋势愈加明显，即随干旱程度的增加，土壤细菌群落在空间上的更替速率显著增大。整个研究区的距离-衰减率（$slope = -0.211$，$P < 0.001$）最大，表明随着研究尺度的增大，土壤细菌群落在空间上

的更替更加明显。

为了确定地理距离对土壤细菌群落空间分布的影响，通过邻体矩阵主坐标分析（PCNM）将空间地理距离转化为PCNM变量矩阵，并进行典范对应分析（或冗余分析），最后通过变差分解分析分别确定各干旱气候带沙区和整个研究区中地理距离对土壤细菌群落空间分布的贡献，用解释量来表征。由表4.9可知：在干旱亚湿润沙区中，地理距离对土壤细菌群落空间分布的贡献为22.33%（$P=0.001$）；在半干旱沙区中，地理距离对土壤细菌群落空间分布的贡献为24.51%（$P=0.001$）；在干旱沙区中，地理距离对土壤细菌群落空间分布的贡献为30.35%（$P=0.001$）；在极端干旱沙区中，地理距离对土壤细菌群落空间分布的贡献为45.13%（$P=0.005$）；在整个研究区中，地理距离对土壤细菌群落空间分布的贡献为42.30%（$P=0.001$）。

表4.9 地理距离对土壤细菌群落空间分布的贡献

分区	解释量	P 值
干旱亚湿润沙区	22.33%	0.001
半干旱沙区	24.51%	0.001
干旱沙区	30.35%	0.001
极干旱沙区	45.13%	0.005
整个研究区	42.30%	0.001

为了确定环境因子和地理距离对土壤细菌群落空间分布的影响，我们通过变差分解分析量化了不同干旱气候带沙区环境因子和地理距离对土壤细菌群落空间分布的单独及共同解释的变差。结果发现，在干旱亚湿润沙区环境因子和地理距离对土壤细菌群落空间分布分别单独解释了15.71%和0%，共同解释了19.10%，65.19%未被解释；在半干旱沙区环境因子和地理距离对土壤细菌群落空间分布分别单独解释了25.80%和10.41%，共同解释了13.41%，50.38%未被解释；在干旱沙区环境因子和地理距离对土壤细菌群落空间分布分别单独解释了14.45%和20.39%，共同解释了4.16%，56.50%未被解释；在极端干旱沙区环境因子和地理距离对土壤细菌群落空间分布分别单独解释了22.80%和9.55%，共同解释了30.09%，37.56%未被解释；在整个研究区环境因子和地理距离对土壤细菌群落空间分布分别单独解释了6.19%和21.09%，共同解释了17.45%，55.27%未被解释。以上结果表明，在不同干旱气候带沙区地理距离对土壤细菌群落空间分布的解释量相对稳定，在19.10%~39.64%之间，半干旱沙区、干旱沙区和极端干旱沙区地理距离的解

释量大于干旱亚湿润沙区。不同干旱气候带沙区环境因子对细菌群落空间分布的解释量在 18.61%～52.89%之间，干旱亚湿润沙区、半干旱沙区和极端干旱沙区环境因子的解释量大于干旱沙区，且变异较大。未被解释的部分随着干旱程度的增大而减小，环境因子和地理距离对土壤细菌群落空间分布的影响随干旱程度的增大而增大。

4.8　讨论

4.8.1　不同干旱气候带沙区土壤细菌群落组成特点

我国北方沙区土壤中共测得 48 个细菌门类，其中优势细菌门（相对丰度>1%）有 11 类，包括变形菌门、放线菌门、厚壁菌门、拟杆菌门、酸杆菌门、绿弯菌门、浮霉菌门、疣微菌门、蓝藻菌门、芽单胞菌门和暂定螺旋体门，且在各个干旱气候带沙区中变形菌门的相对丰度（25.30%～33.20%）均最大，放线菌门（16.10%～24.30%）的相对丰度次之。这些优势细菌门在世界各地的沙漠土壤中广泛存在（Makhalanyane et al.，2015），但在阿塔卡玛沙漠、内盖夫沙漠和塔克拉玛干沙漠等地区，放线菌门的相对丰度最大。该结果不同可能是因为受到采样地植被盖度的影响。本书研究的采样地多为拥有固沙植被的半固定及固定沙区，而非裸露贫瘠的沙漠地区。变形菌门作为富营养化类群，优先利用活性土壤有机碳库，对营养需求较高，其相对丰度与土壤碳循环和植物光合强度成正相关（Zeng et al.，2017；Che et al.，2019b）；然而，放线菌门属于寡营养类群，在有限的营养条件下具有较高的适应能力（Pointing et al.，2010），因此本书研究中变形菌门的相对丰度要高于放线菌门的相对丰度。此外，本书研究还发现不同干旱气候带沙区中优势细菌门的数量随干旱程度的增加而减少，且不同干旱气候带沙区中优势细菌门的相对丰度具有显著差异。其中，变形菌门、厚壁菌门和拟杆菌门的相对丰度从干旱亚湿润沙区到极端干旱沙区，呈先减小后增大的趋势，即其相对丰度为极端干旱沙区>干旱沙区>亚湿润干旱沙区>半干旱沙区。相反，放线菌门和酸杆菌门的相对丰度呈先增大后减小的趋势。该结果可能是由于随着干旱胁迫的增加，当外源碳未受到限制时，具有较高碳获得性的细菌类群较为丰富。还可能是由于随着干旱程度的增加，植被生产力、土壤肥力、团聚体稳定性和微生物数量也降低，植物—土壤—微生物间的相互作用变弱，植物群落和土壤生物群落发生结构性改变（Berdugo et al.，2020）。

为此，我们通过网络拓扑分析，研究了不同干旱气候带沙区中土壤细菌群落间潜在的相互作用关系。结果发现，从干旱亚湿润沙区到极端干旱沙区，土壤细菌网络中的总节点数、总连接数、模块数、连接节点数和模块中心节点数均呈减小趋势，表明干旱程度的增加降低了土壤细菌网络的大小、复杂性和稳定性，且群落间的相关关系减弱，关键细菌类群趋于单一。土壤细菌网络中65％以上的群落间成正相关关系，表明沙区土壤细菌群落间以共生关系为主，竞争关系较弱。值得注意的是，不同干旱气候带沙区中土壤细菌网络的关键类群（指土壤细菌网络中的连接节点和模块中心节点）发生了变化。干旱亚湿润沙区中的关键类群主要以降解植物残体、分解有机化合物的细菌群为主，如鞘脂单胞菌目、鞘脂杆菌目、噬纤维菌目、Gp3、Gp4 和 Gp6，还包括共生固氮菌（根瘤菌目）、光合细菌（外硫红螺旋菌科和红螺菌目）、病原菌（伯克霍尔德氏菌目和黄色单胞菌目）、植物内生菌（动孢囊菌科）和抑制植物病原菌（芽孢杆菌目）。而随着干旱程度的增加，半干旱沙区和干旱沙区的关键类群主要以固氮菌（根瘤菌目）、光合细菌（红螺菌目）、病原菌（伯克霍尔德氏菌目）为主，分解有机化合物的细菌类群减少。而极端干旱沙区中的关键类群仅有固氮菌（根瘤菌目）。这些结果表明，随着干旱程度的增加，土壤细菌网络中功能类群减少，以及细菌群落对外源碳的获取能力减弱。

4.8.2　不同干旱气候带沙区土壤细菌群落分布格局与驱动因子

不同干旱气候带沙区土壤细菌群落的丰富度和 α-多样性存在显著差异。随干旱程度的增加，土壤细菌丰富度和多样性呈减小趋势。在整个研究区尺度，土壤细菌群落丰富度和多样性与干燥度指数、海拔、植被多样性、土壤含水量、土壤 pH、土壤全磷、土壤电导率和土壤速效磷均显著相关，表明我国北方沙区土壤细菌群落多样性同环境因子和植被多样性相似，在区域尺度上的空间分布具有地带性。因此，该结果推翻了土壤细菌群落不受当代环境因子和历史进化因素的影响呈随机分布的假设。土壤细菌群落多样性与年平均温度、土壤有机碳和土壤全氮无显著相关关系，主要由于在研究区尺度上没有较为明显的温度梯度，且沙区土壤较为贫瘠，土壤中有机碳和全氮含量较少，亦无明显的变化。

干燥度指数与细菌群落丰富度（$r=0.501,9$，$P<0.001$）和多样性（$r=$

0.498,3，$P<0.001$）的相关性最大，且土壤细菌群落 β-多样性在不同干旱气候带上具有显著的组间差异，表明干旱程度可能是我国北方沙区土壤细菌多样性和群落组成空间分布的主要影响因子。进一步，通过典范对应分析和变差分解分析发现，在整个研究区尺度，环境因子对土壤细菌群落空间分布的总贡献为 16.43%，其中干燥度指数的贡献最大（为 5.62%），其次是土壤 pH、植被多样性和土壤全磷分别为 4.15%、4.09% 和 2.57%，表明干旱程度、土壤pH、植被多样性和土壤全磷共同驱动沙区土壤细菌群落空间分布，且干旱程度是决定性因素。该结果区别于其他生态系统中土壤 pH、有机碳的数量和质量、土壤水分利用率、氮磷利用率、温度、植被多样性等因素，是影响土壤细菌群落组成及空间分布的主要决定性影响因子（Fierer et al.，2017），可能是由于本研究区属于荒漠生态系统，在干旱胁迫下水分受到限制，而水分影响土壤养分循环和植被多样性及生产力，从而影响地下微生物群落的能量获取来源及生存环境。其次，环境因子对地下微生物群落结构的影响是尺度依赖的，在区域尺度上随着干旱程度的增加，植被生产力、植被盖度、土壤肥力、土壤团聚体稳定性等生态系统结构和功能属性之间高度关联、互相响应，并随干旱程度的增加出现线性和非线性响应（Berdugo et al.，2020）。因此，干旱气候带可能会掩盖其他环境因子对土壤细菌空间分布的影响。然而在较小的当地或局域尺度下，植被多样性、土壤肥力和土壤质地与结构等因子的变化对土壤微生物格局起到决定性作用。

在不同干旱气候带沙区，影响土壤细菌群落空间分布的主要环境因子明显不同。干旱亚湿润沙区和半干旱沙区中影响土壤细菌群落空间分布的主要环境因子相似，包括干燥度指数、植被多样性、土壤 pH、土壤含水量和土壤电导率，可能与该区域植被呈斑块状的分布格局有关，地上植被的种类和盖度、凋落物的数量和质量、地下根系分泌物以及土壤养分由植被斑块中心向外逐渐递减形成"肥岛"，使地下微生物也呈斑块状的分布格局。干旱沙区和极端干旱沙区中影响土壤细菌群落空间分布的主要环境因子相似，包括土壤全氮、土壤全磷和土壤 pH，可能是由于该区域年均降水量较低且植被稀少，土壤养分的微小变化均会影响微生物群落结构的变化。以上结果表明，沙区土壤细菌群落在干旱气候带上有明显的分布规律，且环境因子对土壤细菌群落结构的影响随研究尺度的不同而产生差异。

研究发现，不同干旱气候带沙区土壤细菌群落的相似性随地理距离的增大而显著减小，表明沙区土壤细菌群落的空间分布具有显著的距离-衰减关系。然而，线性回归模型估计的距离-衰减率在不同干旱气候带沙区中存在差异，土壤细菌群落的距离-衰减率随干旱程度的增加而增大，表明随干旱程度的增加土壤细菌群落在空间上的扩散能力受到限制，土壤细菌群落多样性格局更多地由选择和漂变来驱动，物种的更替速率显著增大。在整个研究区尺度上，距离-衰减率（$slope=-0.211$）大于各干旱气候带沙区，表明随着研究尺度的增大土壤细菌群落空间更替愈加明显。另外，本书研究涉及的各干旱气候带沙区土壤细菌群落的距离-衰减率范围为 $0.044\sim0.136$，该结果显著大于草地生态系统中土壤细菌群落的距离-衰减率（$0.01\sim0.05$）（Wang et al.，2017），表明相比于草地生态系统，沙区土壤细菌群落的扩散能力受到限制。同时，对土壤细菌群落相似性与环境距离进行回归分析，发现与地理距离相似的空间变异，即随着环境距离的增大，土壤细菌群落相似性的差异增大，但其衰减率并未随干旱程度的增加而增大。该结果支持了土壤微生物空间分布格局是由当代环境因子和历史进化因素共同驱动的假设。

通过变差分解分析量化环境因子与地理距离对土壤细菌群落空间变异的相对贡献（见图 4.13），发现地理距离的贡献随干旱程度的增加而增大，解释量范围为 $19.10\%\sim39.64\%$。环境因子的贡献在不同干旱气候带间差异较大，解释量范围为 $18.61\%\sim52.89\%$。地理距离与环境因子对细菌群落空间变异的总解释量范围为 $34.81\%\sim62.44\%$，其中整个区域尺度上地理距离与环境因子对细菌群落空间分布的总解释量为 44.73%。以上结果表明，沙区土壤细菌群落的空间结构还存在较多未能解释的变异。

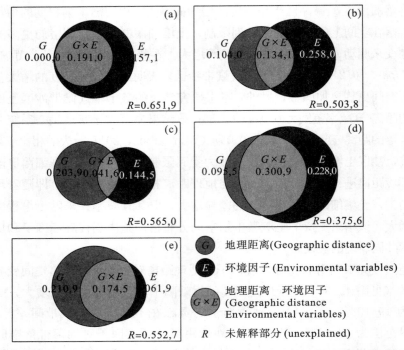

图 4.13　不同干旱气候带沙区环境因子和地理距离对土壤细菌群落空间变异的相对贡献

注：（a）为干旱亚湿润沙区，（b）为半干旱沙区，（c）为干旱沙区，（d）为极端干旱沙区，（e）为整个研究区。

4.9　小结

本章通过 16S rRNA 高通量测序，分析研究了不同干旱气候带沙区土壤细菌群落结构、多样性和丰度差异，探究了我国北方沙区土壤细菌群落沿不同干旱气候带的地理分布格局及其主要影响因素。结果发现：

（1）我国北方沙区土壤细菌主要的优势菌门为变形菌门、放线菌门、厚壁菌门、拟杆菌门、酸杆菌门、绿弯菌门、浮霉菌门、疣微菌门、蓝藻菌门、芽单胞菌门和暂定螺旋体门。其中，不同干旱气候带沙区变形菌门（25.30%～33.20%）和放线菌门（16.10%～24.30%）的相对丰度分别位列第一和第二。其他优势菌门在不同干旱气候带沙区间具有显著差异。在纲水平下，前 5 种优势类群有放线菌纲、α-变形杆菌纲、芽孢杆菌纲、鞘脂杆菌纲和 γ-变形杆菌纲。在目水平下，前 5 种优势类群有放线菌目、芽孢杆菌目、根瘤菌目、鞘脂杆菌目和鞘脂单胞菌目。在科水平下，前 5 种优势类群有芽孢杆菌科、噬几丁质菌科、微球菌科、鞘脂单胞菌科和噬纤维菌科。在属水平下，前 5 种优势类群有芽孢杆菌属、鞘脂单胞菌属、节杆菌属、$Gp4$、微小杆菌属。

（2）不同干旱气候带沙区中土壤细菌群落结构的复杂程度和潜在重要细菌群落的数量随干旱程度的增加而减小，即土壤细菌群落的共现网络结构中总节点数、总连接数、模块数、连接节点数和模块中心节点数均表现为干旱亚湿润沙区＞半干旱沙区＞干旱沙区＞极端干旱沙区。且干旱亚湿润沙区、半干旱沙区和干旱沙区主要为降解植物残体的菌群，而极端干旱沙区主要为与固氮有关的菌群。不同干旱气候带沙区土壤细菌群落间以共生关系为主。

（3）土壤细菌群落的丰富度和 α-多样性在四个不同干旱气候带沙区间存在显著差异，随干旱程度的增加而减小，即干旱亚湿润沙区＞半干旱沙区＞干旱沙区＞极端干旱沙区。不同干旱气候带沙区中影响土壤细菌群落丰富度和 α-多样性的环境变量不同。

（4）不同干旱气候带沙区土壤细菌群落结构具有显著差异。影响干旱亚湿润沙区土壤细菌群落结构的环境因子主要有干燥度指数、植被多样性、土壤 pH 和土壤含水量，影响半干旱沙区土壤细菌群落结构变化的因子主要有植被多样性、土壤电导率和土壤 pH，影响干旱沙区土壤细菌群落结构变化的因子主要有土壤全氮和土壤全磷，影响极端干旱沙区土壤细菌群落结构变化的因子主要有土壤 pH 和土壤全磷，影响整个研究区土壤细菌群落结构变化的因子主要有干燥度指数、土壤全磷、土壤 pH 和植被多样性。

（5）不同干旱气候带沙区土壤细菌群落具有不同的距离-衰减率，土壤细菌群落的相似性均随地理距离的增大而减小。不同干旱气候带沙区土壤细菌群落的距离-衰减率随干旱程度的增加而增大，即随干旱程度的增加细菌群落的扩散能力受到限制，在极端干旱沙区，土壤细菌群落多样性格局可能更多由选择和漂变驱动。我国北方不同干旱气候带沙区中土壤细菌群落的距离-衰减率范围为 0.044～0.136。

（6）我国北方沙区土壤细菌群落的空间分布格局是由当代环境因子和历史进化因素共同驱动的，随着干旱程度的增加，两者对土壤细菌群落空间变异的相对贡献增大。但随着尺度的改变，两者的贡献变化较大。从整个研究区来看，当代环境因子的贡献大于历史进化因素。不同干旱气候带沙区中地理距离对土壤细菌群落的空间分布格局的解释量为 19.10%～39.64%，环境因子对土壤细菌群落的空间分布格局的解释量为 18.61%～52.89%。环境因子与地理距离对土壤细菌群落的空间分布格局的解释量为 34.81%～62.44%。

5　土壤真菌多样性的空间分布特征
　　及其影响因素

5.1　土壤真菌的序列分布及其 OUTs

在我国北方沙区土壤样品中共测得 695,064 条高质量序列，平均每个样品含有 3,620 条序列（序列数量范围为 726~18,700），按照 97% 的序列相似性将所有样品的有效序列数据进行聚类，共得到 500 个 OTU。其中干旱亚湿润沙区包含 3 个取样点、62 个样品，共含有 205,855 条序列，平均 OTU 数量为 119 个；半干旱沙区包含 3 个取样点、45 个样品，共含有 128,338 条序列，平均 OTU 数量为 104 个；干旱沙区包含 4 个取样点、56 个样品，共含有 267,609 条序列，平均 OTU 数量为 90 个；极端干旱沙区包含 2 个取样点、30 个样品，共含有 93,262 条序列，平均 OTU 数量为 55 个。通过单因素方差分析检验，不同干旱气候带沙区间 OTU 数量具有显著差异，干旱亚湿润沙区的 OTU 数量最多，其次为半干旱沙区、干旱沙区和极端干旱沙区，详见表 5.1。

表 5.1　土壤真菌的序列分布特征及其 OUTs

分区	18S 序列数量（条）	OUTs（个）	取样点数/测试样品数
干旱亚湿润沙区	205,855	118.73±19.90[a]	3/62
半干旱沙区	128,338	103.80±19.93[b]	3/45
干旱沙区	267,609	90.39±19.17[c]	4/56
极端干旱沙区	93,262	54.77±26.47[d]	2/30

注：不同小写字母表示不同干旱气候带沙区间的差异显著性（$P<0.050$）。

进一步对 OTU 的分布趋势进行研究，结果显示，只在一个干旱气候带沙区出现的 OTU 数量占总 OTU 数量的 16.2%（81 个/500 个），在两个干旱气候带沙区均出现的 OTU 数量占总 OTU 数量的 18.6%（93 个/500 个），在三个干旱气候带沙区均出现的 OTU 数量占总 OTU 数量的 24.8%（124 个/500 个），在四个干旱气候带沙区均出现的 OTU 数量占总 OTU 数量的 41.2%（206 个/500 个）。由图 5.1 可知，分布越广的 OTU，其丰度越高。

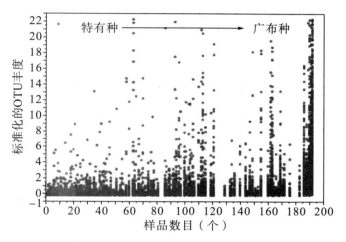

图 5.1　OTU 丰度与所检测到该 OTU 的样品个数的关系图

5.2　土壤真菌的物种分布

研究人员对我国北方沙区土壤样品中 99.52% 的序列进行分类鉴定，结果如图 5.2 所示，主要的优势菌门中子囊菌门（Ascomycota）占总序列的 79.57%，壶菌门（Chytridiomycota）占总序列的 7.01%，接合菌门（Zygomycota）占总序列的 4.70%，担子菌门（Basidiomycota）占总序列的 4.26%，球囊菌门（Glomeromycota）占总序列的 2.01%，隐真菌门（Cryptomycota）占总序列的 1.21%。这些优势真菌门占总序列的 98.76%，而未被识别的称未类门，其序列占总序列的 0.48%。子囊菌门下的优势纲中座囊菌纲（Dothideomycetes）占总序列的 38.20%，粪壳菌纲（Sordariomycetes）占总序列的 13.30%，盘菌纲（Pezizomycetes）占总序列的 12.20%，散囊菌纲（Eurotiomycetes）占总序列的 4.90%，锤舌菌纲（Leotiomycetes）占总序列的 2.60%。不同分类水平下的土壤优势真菌在不同干旱气候带沙区的相对丰度见附录 B。

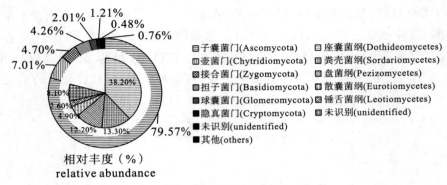

图 5.2 优势土壤真菌门及其相对丰度

图 5.3 显示了我国北方沙区不同干旱气候带中，土壤真菌在纲、目、科、属四个分类水平下的优势类群（相对丰度>1%）及其相对丰度。在纲水平下，优势类群有座囊菌纲（Dothideomycetes）、粪壳菌纲（Sordariomycetes）、盘菌纲（Pezizomycetes）、散囊菌纲（Eurotiomycetes）、伞菌纲（Agaricomycetes）、球囊菌纲（Glomeromycetes）、锤舌菌纲（Leotiomycetes）、壶菌纲（Chytridiomycetes）、芽枝霉纲（Blastocladiomycetes）、单毛菌纲（Monoblepharidomycetes）、酵母纲（Saccharomycetes）。

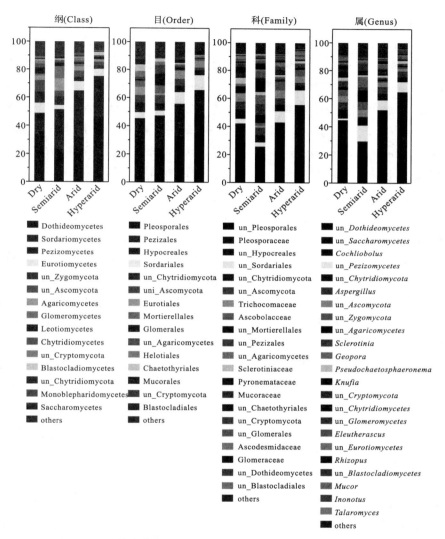

图 5.3　土壤真菌在不同分类水平下的优势类群及其相对丰度

注：Dory 为干旱亚湿润沙区，Semiarid 为半干旱沙区，Arid 为干旱沙区，Hyperarid
为极端干旱沙区。

在目水平下，优势类群有格孢菌目（Pleosporales）、盘菌目（Pezizales）、
肉座菌目（Hypocreales）、粪壳菌目（Sordariales）、散囊菌目（Eurotiales）、
被孢霉目（Mortierellales）、球囊霉目（Glomerales）、柔膜菌目
（Helotiales）、刺盾炱目（Chaetothyriales）、毛霉菌目（Mucorales）和芽枝菌
目（Blastocladiales）。

在科水平下，优势类群有假球壳科（Pleosporaceae）、发菌科（Trichocomaceae）、粪盘菌科（Ascobolaceae）、核盘菌科（Sclerotiniaceae）、火丝菌科（Pyronemataceae）、毛霉菌科（Mucoraceae）、裸盘菌科（Ascodesmidaceae）和球囊霉科（Glomeraceae）。

在属水平下，优势类群有旋孢腔菌属（*Cochliobolus*）、曲霉属（*Aspergillus*）、核盘霉属（*Sclerotinia*）、地孔菌属（*Geopora*）、*Pseudochaetosphaeronema*、*Knufia*、*Eleutherascus*、根霉菌属（*Rhizopus*）、毛霉菌（*Mucor*）、纤孔菌属（*Inonotus*）和踝节菌属（*Talaromyces*）。

土壤真菌的网络拓扑特征比较见表 5.2。干旱亚湿润沙区土壤真菌网络有 59 个总节点、74 个总连接，半干旱沙区有 79 个总节点、94 个总连接，干旱沙区有 109 个总节点、146 个总连接，极端干旱沙区中有 117 个总节点、485 个总连接。土壤真菌共现网络的总节点数和总连接数随干旱程度的增加而增多，表明干旱程度的增加增强了土壤真菌网络的复杂程度和真菌间联系的紧密程度。此外，极端干旱沙区的网络模块指数和模块数显著低于其他沙区，表明极端干旱沙区的真菌网络系统的稳定性较好。平均连接度、网络密度和平均聚类系数，极端干旱沙区显著高于其他沙区，表明极端干旱沙区土壤真菌网络整体的连通程度和凝聚性较强。在所有研究沙区，土壤真菌间的正相关边数较多，均大于 86.99％，表明土壤真菌间以共生关系为主，竞争关系较弱。

表 5.2　土壤真菌的网络拓扑特征比较

网络指标	干旱亚湿润沙区	半干旱沙区	干旱沙区	极端干旱沙区
相似度阈值	0.60	0.60	0.60	0.60
总节点数（个）	59	79	109	117
总连接数（个）	74	94	146	485
模块指数（个）	0.713	0.724	0.709	0.418
模块数（个）	17	19	19	13
平均连接度	2.508	2.380	2.679	8.291
平均路径距离	2.218	4.138	4.670	4.171
网络密度	0.043	0.031	0.025	0.071
平均聚类系数	0.422	0.442	0.305	0.563
正相关边数（％）	98.65	91.49	86.99	99.59
负相关边数（％）	1.35	8.51	13.01	0.41

我们将真菌网络按照门水平进行分类并可视化，得到图 5.4，可以看到，从

干旱亚湿润沙区到极端干旱沙区，土壤真菌网络更复杂，核心真菌门类的相互作用更强。相比于细菌，土壤真菌由于门的种类较少，不同干旱气候带沙区间核心真菌门类无显著差异，主要以 6 类优势门为主，分别为子囊菌门、担子菌门、球囊菌门、壶菌门、接合菌门和隐真菌门。此外，干旱亚湿润沙区还包括毛霉亚门（Entomophthoromycotina）和芽枝霉门（Blastocladiomycota），半干旱沙区也还包括毛霉亚门。然而，不同干旱气候带沙区中优势真菌门的相对丰度有显著差异，例如球囊菌门在半干旱沙区相对丰度最高、在极端干旱沙区最低，壶菌门在极端干旱沙区相对丰度最高、在干旱亚湿润沙区最低，接合菌门在极端干旱沙区和干旱沙区的相对丰度大于干旱亚湿润沙区和半干旱沙区。

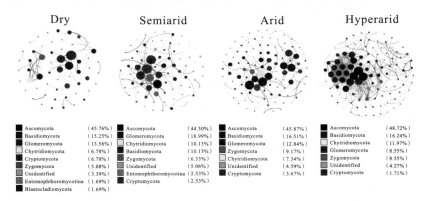

图 5.4 不同干旱气候带沙区土壤真菌群落的共现网络结构

注：Dry 为干旱亚湿润沙区，Semiarid 为半干旱沙区，Arid 为干旱沙区，Hyperarid 为极端干旱沙区。节点大小与节点连通性成正比。

分析不同干旱气候带沙区土壤真菌群落网络节点的拓扑作用，得到图 5.5，在不同干旱气候带沙区中均未发现网络中心节点，仅在极端干旱沙区中有 7 个连接节点，在半干旱沙区有 1 个模块中心节点，干旱亚湿润沙区和干旱沙区均为外围节点。该结果表明，与土壤细菌群落网络结构相比，土壤真菌群落的网络结构较小、复杂性较弱、稳定性较低。该结果进一步表明，随着干旱程度的增加，土壤真菌群落的凝聚性更强，连接节点和模块中心节点主要为子囊菌门、担子菌门、球囊菌门和隐真菌门，具体分类见表 5.3。

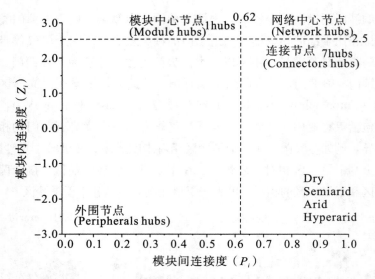

图 5.5　不同干旱气候带沙区土壤真菌群落网络节点的拓扑作用

注：Dry 为干旱亚湿润沙区，Semiarid 为半干旱沙区，Arid 为干旱沙区，Hyperarid 为极端干旱沙区，Z_i 和 P_i 用于操作分类单元的阈值分别为 2.5 和 0.62。

表 5.3　不同干旱气候带沙区土壤真菌的具体分类

连接节点（Connectors hubs）	
极端干旱沙区	1. Ascomycota 2. Ascomycota, Eurotiomycetes, Chaetothyriales, Herpotrichiellaceae 3. Ascomycota, un _ Ascomycota, un _ Ascomycota, un _ Ascomycota, *Phaeomo. niella* 4. Ascomycota, Orbiliomycetes, Orbiliales, Orbiliaceae, *Arthrobotrys*, *Arthrobotrys _ oligospora* 5. Basidiomycota, Tremellomycetes, Cystofilobasidiales, Cystofilobasidiaceae, *Guehomyces* 6. Cryptomycota 7. Glomeromycota, Glomeromycetes, Glomerales
模块中心节点（Module hubs）	
半干旱沙区	1. Cryptomycota

注：表中土壤真菌分类使用以下层次结构描述：门、纲、目、科、属。NA 为未分类。

5.3 土壤真菌的 α-多样性

研究人员利用 OTU 丰富度指数评估真菌的分类学丰富度（即物种数量），用香农-威纳指数和 ACE 指数分析真菌群落的多样性，通过单因素方差分析检验不同干旱气候带沙区的 α-多样性的差异，结果如图 5.6 所示，不同干旱气候带沙区的土壤真菌的物种数量、多样性和均匀度均具有显著性差异，基本表现为干旱亚湿润沙区>半干旱沙区>干旱沙区>极端干旱沙区。

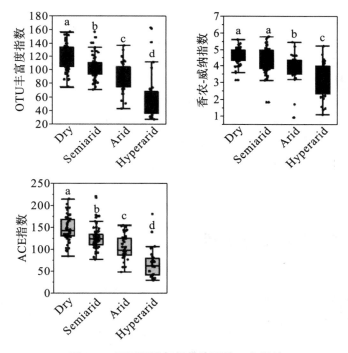

图 5.6　不同干旱气候带沙区的 α-多样性

注：Dry 为干旱亚湿润沙区，Semiarid 为半干旱沙区，Arid 为干旱沙区，Hyperarid 为极端干旱沙区。图中不同小写字母表示统计结果的差异显著性。

分析 α-多样性和环境因子的相关关系，结果见表 5.4，在所有检测的环境变量中，干燥度指数与 OTU 丰富度指数（$r=0.664,3$，$P<0.001$）和香农-威纳指数（$r=0.510,6$，$P<0.001$）相关性最高。在整个研究区尺度下，土壤真菌丰富度和多样性与大部分气候、环境及生物因子都显著相关，与海拔和土壤有机碳不显著相关。

表 5.4　α-多样性指数与环境变量的 Spearman 秩相关系数

系数	OTU 丰富度指数	香农-威纳指数
AI	0.664,3***	0.510,6***
Alt	−0.136,2	−0.019,0
MAT	−0.454,4***	−0.342,9***
PD	0.543,1***	0.423,4***
SWC	0.375,0***	0.267,4***
pH	−0.505,6***	−0.311,6***
TP	−0.536,6***	−0.360,6***
SOC	0.068,6	−0.029,9
TN	0.223,2**	0.128,0
EC	−0.550,6***	−0.393,9***
AP	0.346,7***	0.238,6***

注："*"符号代表相关显著性（* 为 $P<0.050$，** 为 $P<0.010$，*** 为 $P<0.001$）。AI 为干燥度指数，Alt 为海拔（m），MAT 为年平均温度（℃），PD 为植被多样性，SWC 为土壤含水量（%），pH 为土壤 pH，TP 为土壤全磷（$g \cdot kg^{-1}$），SOC 为土壤有机碳（$g \cdot kg^{-1}$），TN 为土壤全氮（$g \cdot kg^{-1}$），EC 为土壤电导率（$\mu s \cdot cm^{-1}$），AP 为土壤有效磷（$mg \cdot kg^{-1}$）。

5.4　土壤真菌的 β-多样性

我们通过非度量多维尺度分析（NMDS）对我国北方沙区土壤真菌群落组成进行降维排序，以样本点之间的距离反映样本间真菌群落组成的变化，如图 5.7 所示。由图 5.7 可知，我国北方沙区土壤真菌群落在空间分布上具有一定连续性，但土壤真菌群落随不同干旱气候带变化呈明显分异，即不同干旱气候带沙区土壤真菌群落的空间分布更聚集，相似度更高。结合不同干旱气候带沙区土壤真菌群落组间相似性分析结果（见图 5.8），不同干旱气候带沙区土壤真菌群落差异显著（$r=0.338$，$P<0.050$）。

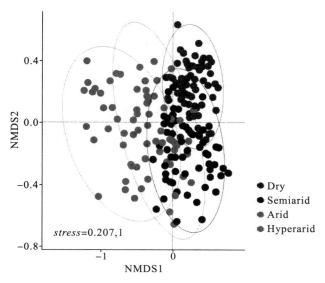

图 5.7 土壤真菌群落组成的非度量多维尺度分析

注：Dry 为干旱亚湿润沙区，Semiarid 为半干旱沙区，Arid 为干旱沙区，Hyperarid 为极端干旱沙区。

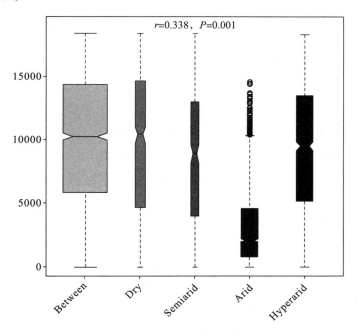

图 5.8 不同干旱气候带沙区土壤真菌群落组间相似性分析

注：Dry 为干旱亚湿润沙区，Semiarid 为半干旱沙区，Arid 为干旱沙区，Hyperarid 为极端干旱沙区。

此外，表 5.5 列出了不同干旱气候带沙区组间相似性分析结果，可以看出不同干旱气候带沙区组间差异均大于组内差异（r 值均大于 0）。与土壤细菌群落不同，土壤真菌群落相似性受干旱程度的影响较小。其中，干旱亚湿润沙区与极端干旱沙区间组间差异最大，干旱沙区与极端干旱沙区间组间差异最小。

表 5.5 不同干旱气候带沙区组间相似性分析

组	r 值	P 值
干旱亚湿润沙区-半干旱沙区	0.464,1	0.001
干旱亚湿润沙区-干旱沙区	0.452,8	0.001
干旱亚湿润沙区-极端干旱沙区	0.691,0	0.001
半干旱沙区-干旱沙区	0.235,0	0.001
半干旱沙区-极端干旱沙区	0.443,3	0.001
干旱沙区-极端干旱沙区	0.177,6	0.001

注：r 的取值范围为（-1,1）；r>0，说明组间差异大于组内差异，即组间差异显著；r<0，说明组内差异大于组间差异；r 值的绝对值越大表明相对差异越大。P 值越低表明这种差异检验结果越显著，P<0.050 为显著性水平界限。

5.5 影响土壤真菌群落结构的环境变量

为了探究影响我国北方沙区土壤真菌群落结构的环境变量，我们根据所有已检测的环境因子，筛选出影响土壤真菌群落变化的环境变量组合，并对其进行冗余分析（RDA），结果如图 5.9 所示。采用蒙特卡洛置换检验环境变量与土壤真菌群落结构的相关性（permutations=999），结果见表 5.6。

结果显示，干旱亚湿润沙区中影响土壤真菌群落结构的环境变量主要有土壤含水量和干燥度指数。两个环境变量对土壤真菌群落结构的影响具有显著性（P=0.001）。其中，土壤含水量对土壤真菌群落结构的影响最大（r=0.340,2，P=0.001），干燥度指数对土壤真菌群落结构的影响次之（r=0.216,9，P=0.044）。环境变量对土壤真菌群落结构的总解释量为 11.71%，RDA1 和 RDA2 轴分别能解释 8.23% 和 3.48%［图 5.9（a）］。

半干旱沙区中影响土壤真菌群落结构的环境变量主要有年平均降水量、植被多样性和土壤有机碳。三个环境变量对土壤真菌群落结构的影响具有显著性（P=0.001）。其中，年平均降水量对土壤真菌群落结构的影响最大（r=

0.310,6，$P=0.001$），植被多样性对土壤真菌群落结构的影响次之（$r=$ 0.277,3，$P=0.001$），相对影响最小的是土壤有机碳（$r=0.088,2$，$P=$ 0.047）。三个环境变量对土壤真菌群落结构的总解释量为 20.96%，其中 RDA1 和 RDA2 轴分别能解释 10.85% 和 10.11%［图 5.9（b）］。

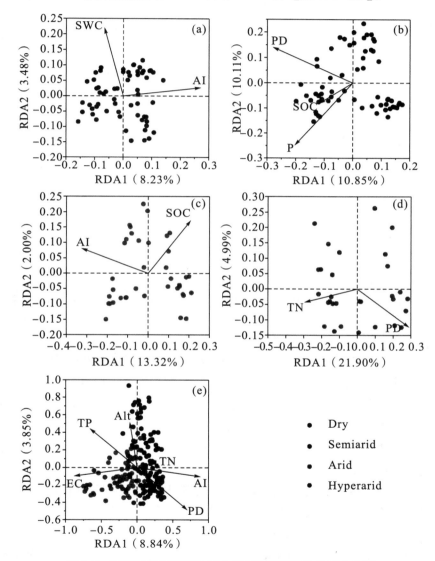

图 5.9　不同干旱气候带沙区土壤真菌群落结构的冗余分析

　　注：（a）为干旱亚湿润沙区，（b）为半干旱沙区，（c）为干旱沙区，（d）为极端干旱沙区，（e）为整个研究区。

表 5.6 影响土壤真菌群落的环境变量筛选

分区	环境变量	r 值	P 值
干旱亚湿润沙区	SWC	0.340,2	0.001
	AI	0.216,9	0.001
半干旱沙区	MAP	0.310,6	0.001
	PD	0.277,3	0.001
	SOC	0.088,2	0.047
干旱沙区	AI	0.568,5	0.001
	SOC	0.346,5	0.001
极干旱沙区	PD	0.318,9	0.001
	TN	0.174,3	0.004
整个研究区	AI	0.216,4	0.001
	PD	0.247,6	0.001
	EC	0.358,1	0.001
	Alt	0.064,3	0.045
	TN	0.130,0	0.003
	TP	0.126,9	0.001

注：Alt 为海拔（m），MAP 为年平均降水量（mm），PD 为植被多样性，AI 为干燥度指数，SWC 为土壤含水量（%），TP 为土壤全磷（g·kg^{-1}），SOC 为土壤有机碳（g·kg^{-1}），TN 为土壤全氮（g·kg^{-1}），EC 为土壤电导率（μs·cm^{-1}）。

干旱沙区中影响土壤真菌群落结构的环境变量主要有干燥度指数和土壤有机碳。两个环境变量对土壤真菌群落结构的影响具有显著性（$P=0.001$）。其中，干燥度指数对土壤真菌群落结构的影响最大（$r=0.568,5$，$P=0.001$），土壤有机碳对土壤真菌群落结构的影响次之（$r=0.346,5$，$P=0.001$）。环境变量对土壤真菌群落结构的总解释量为 15.32%，其中 RDA1 和 RDA2 轴分别能解释 13.32% 和 2.00% [图 5.9（c）]。

极端干旱沙区中影响土壤真菌群落结构的环境变量主要有植被多样性和土壤全氮，它们对土壤真菌群落结构的影响具有显著性（$P=0.001$）。其中，植被多样性对土壤真菌群落结构的影响最大（$r=0.318,9$，$P=0.001$），土壤全氮对土壤真菌群落结构的影响次之（$r=0.174,3$，$P=0.004$）。环境变量对土壤真菌群落结构的总解释量为 26.89%，其中 RDA1 和 RDA2 轴分别能解释 21.90% 和 4.99% [图 5.9（d）]。

在整个研究区，影响沙区土壤真菌群落结构的环境变量主要有土壤电导率、植被多样性、干燥度指数、土壤全氮、土壤全磷和海拔。六个环境变更对土壤真菌群落结构的影响具有显著性（$P=0.001$）。其中，土壤电导率对土壤真菌群落结构的影响最大（$r=0.358,1$，$P=0.001$），植被多样性对土壤真菌群落结构的影响次之（$r=0.247,6$，$P=0.001$），其次是干燥度指数（$r=0.216,4$，$P=0.001$）、土壤全氮（$r=0.130,0$，$P=0.003$）、土壤全磷（$r=0.126,9$，$P=0.001$）和海拔（$r=0.064,3$，$P=0.045$）。四个环境因子对土壤真菌群落结构的总解释量为 12.69%，其中 CCA1 和 CCA2 轴分别能解释 8.84% 和 3.85% ［图 5.9（e）］。

我们通过变差分解分析（VPA）分别确定所选环境变量对土壤真菌群落结构的贡献，用解释量来表征，结果见表 5.7。

表 5.7 影响土壤真菌群落结构的环境变量的变差分解分析

分区	序号	环境变量	解释量	P 值
干旱亚湿润沙区	1	AI｜SWC	5.57%	0.001
	2	SWC｜AI	2.76%	0.001
半干旱沙区	1	MAP｜PD+SOC	9.25%	0.001
	2	PD｜MAP+SOC	9.34%	0.001
	3	SOC｜PD+MAP	3.51%	0.001
干旱沙区	1	AI｜SOC	2.81%	0.005
	2	SOC｜AI	0.68%	0.054
极干旱沙区	1	PD｜TN	8.12%	0.001
	2	TN｜PD	3.68%	0.008
整个研究区	1	AI｜PD+EC+Alt+TN+TP	1.84%	0.001
	2	PD｜AI+EC+Alt+TN+TP	2.57%	0.001
	3	EC｜AI+PD+Alt+TN+TP	2.43%	0.001
	4	Alt｜AI+PD+EC+TN+TP	1.58%	0.001
	5	TN｜AI+PD+EC+Alt+TP	1.24%	0.001
	6	TP｜AI+PD+EC+Alt+TN	0.63%	0.001

注：Alt 为海拔（m），MAP 为年平均降水量（mm），PD 为植被多样性，AI 为干燥度指数，SWC 为土壤含水量（%），TP 为土壤全磷（g·kg⁻¹），SOC 为土壤有机碳（g·kg⁻¹），TN 为土壤全氮（g·kg⁻¹），EC 为土壤电导率（μs·cm⁻¹）。

由表 5.7 可知，干旱亚湿润沙区中干燥度指数和土壤含水量对土壤真菌群落结构的贡献分别是 5.57% 和 2.76%，环境变量的总贡献为 8.33%。

半干旱沙区中年平均降水量、植被多样性和土壤有机碳对土壤真菌群落结构的贡献分别是 9.25％、9.34％和 3.51％，环境变量的总贡献为 22.10％。

干旱沙区中干燥度指数和土壤有机碳对土壤真菌群落结构的贡献分别是 2.81％和 0.68％，环境变量的总贡献为 3.49％。

极干旱沙区中植被多样性和全氮对土壤真菌群落结构的贡献分别是 8.12％和 3.68％，环境变量的总贡献为 11.80％。

在整个研究区中干燥度指数、植被多样性、土壤电导率、海拔、土壤全氮和土壤全磷对土壤真菌群落结构的贡献分别是 1.84％、2.57％、2.43％、1.58％、1.24％和 0.63％，环境变量的总贡献为 10.29％。

5.6 环境因子与地理距离对土壤真菌群落空间分布的影响

将土壤真菌群落相似性与环境距离进行拟合，发现在整个研究区和不同干旱气候带沙区中，土壤真菌群落相似性都随环境距离的增加而显著降低，如图 5.10 所示。由图 5.10 可知，土壤真菌群落相似性随环境距离的增加而减小的趋势在干旱沙区最大（$slope = -0.192$，$P < 0.001$），其次为半干旱沙区和极端干旱沙区（$slope = -0.180$，$slope = -0.147$，$P < 0.001$），在干旱亚湿润沙区（$slope = -0.065$，$P < 0.001$）最小；在整个研究区尺度，土壤真菌群落相似性随环境距离的增加而减小的趋势与极端干旱沙区相近（$slope = -0.148$，$P < 0.001$）。

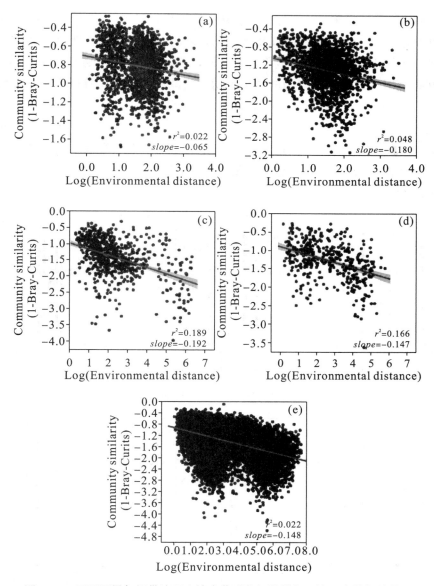

图 5.10　不同干旱气候带沙区土壤真菌群落相似性与环境距离的相关关系

注：（a）为干旱亚湿润沙区，（b）为半干旱沙区，（c）为干旱沙区，（d）为极端干旱沙区，（e）为整个研究区。

将土壤真菌群落相似性与地理距离进行拟合，研究土壤真菌群落在不同干旱气候带沙区中的距离-衰减关系，比较不同干旱气候带沙区土壤真菌群落相似性随地理距离的变化规律，结果发现四个干旱气候带沙区土壤真菌群落相似性指数均随着地理距离的增加呈显著减小的趋势，如图 5.11 所示，且距离-衰减曲线的回归斜率在 0.011~0.085 之间，表明不同干旱气候带沙区土壤真菌群落均存在显著的物种周转或更替。此外，不同干旱气候带沙区土壤真菌群落的距离-衰减率随干旱程度的增加呈先增大后减小的趋势，具体为干旱亚湿润沙区（$slope = -0.011$，$P < 0.001$）＜半干旱沙区（$slope = -0.046$，$P < 0.001$）＜极端干旱沙区（$slope = -0.048$，$P < 0.001$）＜干旱沙区（$slope = -0.085$，$p < 0.001$），表明随着干旱程度的增加，土壤真菌群落相似性随地理距离的增加而减小的趋势愈加明显，当干旱程度达到一定值后这种减小的趋势开始减缓。

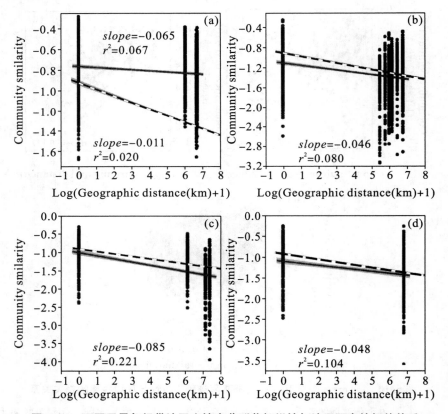

图 5.11　不同干旱气候带沙区土壤真菌群落相似性与地理距离的相关关系

　　注：虚线代表整个研究区的距离-衰减曲线，实线代表各干旱气候带沙区的距离-衰减曲线。(a) 为干旱亚湿润沙区，(b) 为半干旱沙区，(c) 为干旱沙区，(d) 为极端干旱沙区。

　　为了确定地理距离对土壤真菌群落空间分布的影响，通过邻体矩阵主坐标分析（PCNM）将空间地理距离转化为 PCNM 变量矩阵，并进行典范对应分析（或冗余分析），最后通过变差分解分析分别确定各干旱气候带沙区和整个研究区中地理距离对土壤真菌群落空间分布的贡献，用解释量来表征。由表5.8可知，在干旱亚湿润沙区中，地理距离对土壤真菌群落空间分布的贡献为7.13％（$P=0.001$）；在半干旱沙区中，地理距离对土壤真菌群落空间分布的贡献为14.57％（$P=0.001$）；在干旱沙区中，地理距离对土壤真菌群落空间分布的贡献为10.15％（$P=0.001$）；在极端干旱沙区中，地理距离对土壤真菌群落空间分布的贡献为20.11％（$P=0.005$）；在整个研究区中，地理距离对土壤真菌群落空间分布的贡献为25.27％（$P=0.001$）。

表5.8 地理距离对土壤真菌群落空间分布的贡献

分区	解释量	P 值
干旱亚湿润沙区	7.13％	0.001
半干旱沙区	14.57％	0.001
干旱沙区	10.15％	0.001
极端干旱沙区	20.11％	0.001
整个研究区	25.27％	0.001

为了确定环境因子和地理距离对土壤真菌群落空间分布的影响，我们通过变差分解分析量化了不同干旱气候带沙区环境因子和地理距离对土壤真菌群落空间分布的单独及共同解释的变差。结果发现，在干旱亚湿润沙区环境因子和地理距离对土壤真菌群落空间分布分别单独解释了7.09％和3.96％，共同解释了1.62％，87.33％未被解释；在半干旱沙区环境因子和地理距离对土壤真菌群落空间分布分别单独解释了11.60％和1.50％，共同解释了10.17％，76.73％未被解释；在干旱沙区环境因子和地理距离对土壤真菌群落空间分布分别单独解释了11.02％和8.18％，共同解释了0％，80.80％未被解释；在极端干旱沙区环境因子和地理距离对土壤真菌群落空间分布分别单独解释了3.68％和0％，共同解释了17.26％，79.06％未被解释；在整个研究区环境因子和地理距离对土壤真菌群落空间分布分别单独解释了7.98％和11.89％，共同解释了10.12％，70.01％未被解释。以上结果表明，在不同干旱气候带沙区地理距离和环境因子对土壤真菌群落空间分布的解释量均小于土壤细菌群落。其中，地理距离对土壤真菌群落空间分布的解释量在5.58％～17.26％之间，极端干旱沙区地理距离的解释量大于其他沙区。环境因子对土壤真菌群落空间分布的解释量在8.71％～21.77％之间，半干旱沙区和极端干旱沙区环境

因子的解释量大于干旱亚湿润沙区和干旱沙区。

5.7　讨论

5.7.1　不同干旱气候带沙区土壤真菌群落组成特点

　　中国北方沙区土壤中优势真菌门（相对丰度＞1%）有 6 类，包括子囊菌门、壶菌门、接合菌门、担子菌门、球囊菌门和隐真菌门。这些优势真菌门占到总序列的 98.76%，未被识别鉴定的序列占 0.48%，且在各干旱气候带沙区中子囊菌门的相对丰度（66.10%～87.00%）均最大。产生这个结果可能是由于在目前已知的真菌门类中子囊菌门或担子菌门占约 98% 的比例。由于本研究区属于荒漠生态系统，土壤养分匮乏，子囊菌门凭借其较快的进化速度和丰富的物种，对恶劣的环境条件具有较强的抗压性，且担子菌门的相对丰度与土壤中溶解性有机碳含量成显著正相关。因此，在生存条件恶劣的沙地，子囊菌门比担子菌门更适于生存。

　　分析不同干旱气候带沙区中土壤真菌群落间潜在的相互作用关系可以发现，土壤真菌群落共现网络的总节点数和总连接数随着干旱程度的增加而增大，但模块数在极端干旱沙区小于其他沙区。该结果表明干旱程度的增加驱动了土壤真菌群落间的相互作用，扩大了土壤真菌群落相互作用的网络规模，使其更复杂和抗性更强。该结果与土壤细菌群落相互作用网络的结果相反，原因可能是在干旱的胁迫下，土壤真菌群落网络比土壤细菌群落网络的稳定性和抗性更强（De et al.，2018），当土壤细菌群落受干旱影响相互作用减弱甚至休眠时，土壤真菌群落通过其良好的抗压性快速扩增。有研究表明，真菌能在干燥且营养贫乏的栖息地通过扩展菌丝形成细丝网络来寻找水分和养分，以维持自身活性，其在土壤中具有调节干旱胁迫并维持生态系统功能的作用（Worrich et al.，2017）。土壤真菌群落网络中 87% 以上的群落间成正相关关系，表明干旱沙区土壤真菌群落间以共生关系为主，竞争关系较弱。相比于土壤细菌群落网络，土壤真菌群落网络的关键类群较少，仅在极端干旱沙区发现 7 个连接节点，在半干旱沙区发现 1 个模块中心节点。

5.7.2 不同干旱气候带沙区土壤真菌群落分布格局与驱动因子

不同干旱气候带沙区土壤真菌群落的丰富度和 α-多样性存在显著差异。随干旱程度的增加，土壤真菌丰富度和多样性呈减小趋势。在整个研究区尺度，土壤真菌群落丰富度和多样性与干燥度指数、海拔、年平均温度、植被多样性、土壤含水量、土壤 pH、土壤全磷、土壤电导率和土壤速效磷均显著相关。该结果与土壤细菌群落多样性结果一致，表明我国北方沙区土壤真菌群落多样性同细菌群落多样性相似，在区域尺度上的空间分布具有地带性。然而，土壤真菌群落丰富度和多样性与年平均温度成显著负相关，主要原因可能是温度的增加可以降低真菌活性，减弱真菌群落间的相互作用，增加寡型真菌丰度（Che et al.，2019a）。

研究发现，干旱程度亦是驱动土壤真菌群落丰富度（$r=0.664,3$，$P<0.001$）和多样性（$r=0.510,6$，$P<0.001$）变化的主要环境因子。且在不同干旱气候带上土壤真菌群落 β-多样性的组间差异随干旱程度的增加而减小，即极端干旱沙区和干旱沙区土壤真菌群落的组间差异最小，群落组成最相似。进一步，通过典范对应分析和变差分解分析发现，在整个研究区尺度，环境因子对土壤真菌群落空间分布的总贡献为 10.29%，其中植被多样性的的贡献最大（为 2.57%），其次是土壤电导率、干燥度指数、海拔、土壤全氮和土壤全磷，分别为 2.43%、1.84%、1.58%、1.24% 和 0.63%，表明植被多样性、土壤电导率、干燥度指数、年平均温度、土壤全氮和土壤全磷共同驱动沙区土壤真菌群落的空间分布，且植被多样性是决定性影响因素。该结果区别于影响土壤细菌群落空间分布的主要影响因子，主要原因可能是细菌比真菌对水分的限制更敏感，且真菌多存在于枯枝落叶层和植物残体附近（Ochoa-Hueso et al.，2018）。

在不同干旱气候带沙区，影响土壤真菌群落空间分布的主要环境因子明显不同。干旱亚湿润沙区中影响土壤真菌群落空间分布的主要环境因子有干燥度指数、土壤含水量和土壤有机碳，半干旱沙区中影响土壤真菌群落空间分布的主要环境因子有年平均降水量、植被多样性和土壤有机碳，干旱沙区中影响土壤真菌群落空间分布的主要环境因子有干燥度指数和土壤有机碳，极端干旱沙区中影响土壤真菌群落空间分布的主要环境因子有植被多样性和土壤全氮。考虑环境因子共线性后，我们发现在较小尺度上，影响土壤真菌群落空间分布的环境因子主要为植被多样性及土壤养分。以上结果表明，沙区土壤真菌群落在干旱气候带上呈明显的分布规律，但环境因子对土壤真菌群落结构的影响随研究尺度的不同所产生的差异小于对土壤细菌群落的影响。

研究发现，不同干旱气候带沙区土壤真菌群落的相似性随地理距离的增大而显著减小，表明沙区土壤真菌群落与土壤细菌群落相似，在空间分布上具有显著的距离-衰减关系；不同的是，土壤真菌群落的距离-衰减率不受干旱程度的影响，在干旱亚湿润沙区（$slope=-0.011$，$P=0.001$）显著小于其他沙区。该结果进一步表明土壤真菌群落的结构与多样性一致，不受干旱的影响。从总体来看，各干旱气候带沙区土壤真菌群落的距离-衰减率范围在$-0.085\sim-0.011$之间，显著小于沙区细菌群落的距离-衰减率，但大于荒漠草原地距离-衰减率（$slope=-0.018$），表明沙区土壤真菌群落的周转更替速率小于细菌，较细菌在距离尺度上更稳定；而与荒漠草地生态系统相比，沙区土壤真菌群落的扩散能力受到限制。另外，在整个研究区尺度上，土壤真菌群落的距离-衰减率（$slope=-0.065$）小于干旱沙区，表明研究尺度的改变对土壤真菌群落空间更替的影响较小。对土壤真菌群落相似性与环境距离进行回归，结果表明土壤真菌群落的相似性随环境距离的增大产生的变异与地理距离产生的变异一致，即土壤真菌群落相似性与环境距离的回归衰减率在干旱亚湿润沙区显著小于其他沙区。产生这个结果可能是由于干旱亚湿润沙区有较大的植被多样性。该结果亦支持了土壤微生物空间分布格局是由当代环境因子和历史进化因素共同驱动的假设。

通过变差分解分析量化环境因子与地理距离对土壤真菌群落空间变异的相对贡献（见图5.12），发现地理距离的解释量范围为$5.58\%\sim17.26\%$。环境因子的解释量范围为$8.71\%\sim21.77\%$。地理距离与环境因子对真菌群落空间分布的总解释量范围为$12.67\%\sim23.27\%$，其中整个研究区尺度下环境因子与地理距离对土壤真菌群落空间分布的总解释量为29.99%。以上结果表明，沙区土壤真菌群落的空间结构还存在较多未能解释的变异。

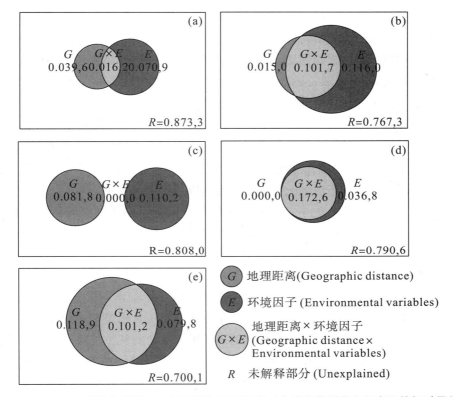

图 5.12 不同干旱气候带沙区环境因子与地理距离对土壤真菌群落空间变异的相对贡献

注：（a）为干旱亚湿润沙区；（b）为半干旱沙区；（c）为干旱沙区；（d）为极端干旱沙区，（e）为整个研究区。

5.8 小结

本章通过 18S rRNA 高通量测序，分析研究了不同干旱气候带沙区土壤真菌群落结构、多样性和丰度差异，探究了中国北方沙区土壤真菌群落沿不同干旱气候带的地理分布格局及其主要的影响因素。结果发现：

（1）我国北方沙区土壤真菌主要的优势菌门为子囊菌门、壶菌门、接合菌门、担子菌门、球囊菌门和隐真菌门。其中，不同干旱气候带沙区子囊菌门的相对丰度最大，均在 66% 以上。其他优势菌门在不同干旱气候带沙区间具有显著差异。在纲水平下，前 5 种优势类群有座囊菌纲、粪壳菌纲、盘菌纲、散囊菌纲、伞菌纲和球囊菌纲。在目水平下，前 5 种优势类群有格孢菌目、盘菌目、肉座菌目（Hypocreales）、粪壳菌目、散囊菌目。在科水平下，前 5 种优势类群有假球壳科、发菌科、粪盘菌科、核盘菌科和火丝菌科。在属水平下，前 5 种优势类群有旋孢腔菌属、曲霉属、核盘霉属、地孔菌属和假性小毛球菌属（*Pseudochaetosphaeronema*）。

（2）不同干旱气候带沙区中土壤真菌群落的共现网络结构中总节点数和总连接数表现为干旱亚湿润沙区＜半干旱沙区＜干旱沙区＜极端干旱沙区。在不同干旱气候带沙区中均未发现网络中心节点，在极端干旱沙区中有 7 个连接节点，在半干旱沙区有 1 个模块中心节点，干旱亚湿润沙区和干旱沙区均为外围节点。不同干旱气候带沙区土壤真菌群落间以共生关系为主。

（3）土壤真菌群落的丰富度和 α-多样性在四个不同干旱气候带沙区间存在显著差异，随干旱程度的增加而减小，即干旱亚湿润沙区＞半干旱沙区＞干旱沙区＞极端干旱沙区。不同干旱气候带沙区中影响土壤真菌群落丰富度和 α-多样性的环境变量不同。

（4）不同干旱气候带沙区土壤真菌群落结构具有显著差异。影响干旱亚湿润沙区土壤真菌群落结构变化的环境因子主要有土壤含水量和干燥度指数，影响半干旱沙区土壤真菌群落结构变化的环境因子主要有年平均降水量、植被多样性和土壤有机碳，影响干旱沙区土壤真菌群落结构变化的环境因子主要有干燥度指数和土壤有机碳，影响极端干旱沙区土壤真菌群落结构变化的环境因子主要有植被多样性和土壤全氮，影响整个研究区土壤真菌群落结构变化的环境因子主要有干燥度指数、植被多样性、土壤电导率、海拔、土壤全氮和土壤全磷。

（5）不同干旱气候带沙区土壤真菌群落具有不同的距离-衰减率，土壤真菌群落的相似性均随地理距离的增大而减小。从干旱亚湿润沙区到干旱沙区距离-衰减率随干旱程度的增加而增大，在极端干旱沙区距离-衰减率又有所增加。我国北方不同干旱气候带沙区中土壤真菌群落的距离-衰减率范围为 $-0.085 \sim -0.011$。

（6）我国北方沙区土壤真菌群落的空间分布格局受当代环境因子和历史进化因素的影响较小。土壤真菌群落在较大空间尺度上的地带性规律还有待进一步探索。我国北方不同干旱气候带沙区中地理距离对土壤真菌群落的空间分布格局的解释量范围为 5.58%～17.26%，环境因子对土壤真菌群落的空间分布格局的解释量范围为 8.71%～21.77%。环境因子与地理距离对土壤真菌群落的空间分布格局的解释量范围为 12.67%～23.27%。

6 土壤细菌潜在功能基因的空间分布特征及其影响因素

6.1 土壤细菌潜在功能基因的分布及其影响因素

利用 PICRUSt 对 16S rRNA 基因序列进行潜在功能预测，通过与 KEGG（Kyoto Encyclopedia of Genes and Genomes）数据库的比对发现，我国北方沙区土壤细菌群落的潜在代谢功能主要涉及六个一级功能层，包括细胞过程（Cellular Processes）、环境信息处理（Environmental Information Processing）、遗传信息处理（Genetic Information Processing）、人类疾病（Human Diseases）、代谢（Metabolism）和有机系统（Organismal Systems），如图 6.1 所示。由图 6.1 可知，代谢功能基因数最多，在各样品中，代谢功能基因的相对丰度在 47.75%~53.47%之间。

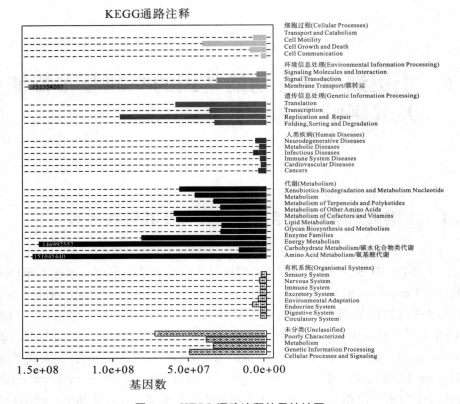

图 6.1　KEGG 通路注释结果统计图

　　二级功能层共有 41 个分类，被注释的基因数最多的为膜转运（Membrane Transport），共 153,554,207 条基因序列；其次为氨基酸代谢（Amino Acid Metabolism），共 151,045,440 条基因序列；再次为碳水化合物代谢（Carbohydrate Metabolism），共 146,992,557 条基因序列。对不同干旱气候带沙区膜转运、氨基酸代谢和碳水化合物代谢三类功能基因的相对丰度分布进行单因素方差分析得到图 6.2。由图 6.2 可知，与膜转运和碳水化合物代谢相关的功能基因的相对丰度表现为干旱亚湿润沙区＞半干旱沙区＞干旱沙区＞极端干旱沙区，而与氨基酸代谢相关的功能基因的相对丰度则表现出相反趋势。

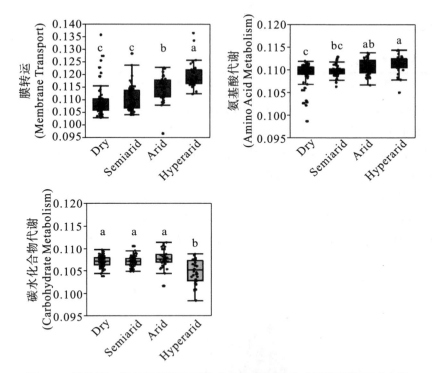

图 6.2 膜转运、氨基酸代谢和碳水化合物代谢相关功能基因的相对丰度

注：Dry 为干旱亚湿润沙区，Semiarid 为半干旱沙区，Arid 为干旱沙区，Hyperarid 为极端干旱沙区。

不同干旱气候带沙区土壤细菌功能基因的序列分布特征及其 KO 数见表 6.1。被注释的 KO 数为 6,448 个，其中干旱亚湿润沙区单个样品的平均序列总数为 4,288,455 个，平均 KO 数为 5,891 个；半干旱沙区单个样品的平均序列总数为 4,329,870 个，平均 KO 数为 5,848 个；干旱沙区单个样品的平均序列总数为 3,964,107 个，平均 KO 数为 5,790 个；极端干旱沙区单个样品的平均序列总数为 3,161,214 个，平均 KO 数为 5,588 个。对结果进行单因素方差分析，结果显示，极端干旱沙区的序列总数和 KO 数显著低于其他沙区。

表 6.1 不同干旱气候带沙区土壤细菌功能基因的序列分布特征及其 KO 数

分区	PICRUSt 序列	KO 数
干旱亚湿润沙区	4,288,455[a]	5,891±24[a]
半干旱沙区	4,329,870[a]	5,848±24[a]
干旱沙区	3,964,107[b]	5,790±31[a]

分区	PICRUSt 序列	KO 数
极端干旱沙区	3,161,214[c]	5,588±33[b]

注：不同小写字母表示不同干旱气候带沙区间的差异显著性（$P<0.050$）。

　　根据不同干旱气候带沙区土壤细菌功能基因的丰度计算样方 Bray-curtis 距离，并进行降维排序（见图 6.3），结果发现，不同干旱气候带沙区土壤细菌功能基因在空间分布上有较多的重叠，且具有连续性。但相似性分析结果（见图 6.4）显示，不同干旱气候带间土壤细菌功能基因的组成具有明显差异（$r=0.414$，$P<0.050$）。对不同干旱气候带沙区土壤细菌功能基因组间相似性进行分析，结果显示，干旱亚湿润沙区和半干旱沙区组间差异不显著（$r=-0.004$，$P=0.478$），其他各组间差异均大于组内差异（r 均大于 0）（见表 6.2）。

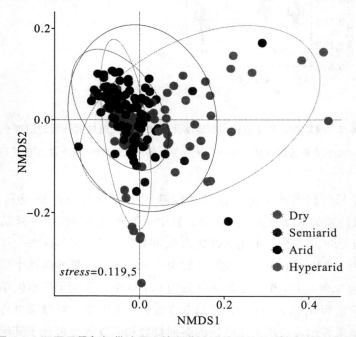

图 6.3　不同干旱气候带沙区土壤细菌功能基因的非度量多维尺度分析

注：Dry 为干旱亚湿润沙区，Semiarid 为半干旱沙区，Arid 为干旱沙区，Hyperarid 为极端干旱沙区。

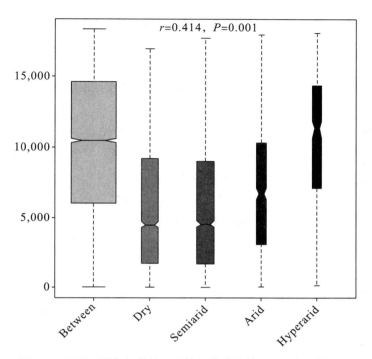

图 6.4 不同干旱气候带沙区土壤细菌功能基因组间相似性分析

注：Dry 为干旱亚湿润沙区，Semiarid 为半干旱沙区，Arid 为干旱沙区，Hyperarid 为极端干旱沙区。

表 6.2 不同干旱气候带沙区土壤细菌功能基因组间相似性分析

组	r 值	P 值
干旱亚湿润沙区-半干旱沙区	−0.004,0	0.487
干旱亚湿润沙区-干旱沙区	0.227,3	0.001
干旱亚湿润沙区-极端干旱沙区	0.356,6	0.001
半干旱沙区-干旱沙区	0.191,2	0.001
半干旱沙区-极端干旱沙区	0.318,4	0.001
干旱沙区-极端干旱沙区	0.196,5	0.001

注：r 的取值范围为（−1,1）。$r>0$，说明组间差异大于组内差异，即组间差异显著；$r<0$，说明组内差异大于组间差异；r 的绝对值越大表明相对差异越大。P 值越低表明这种差异检验结果越显著，$P<0.050$ 为显著性水平界限。

　　分析功能基因组成相似性与环境距离和地理距离的相关关系发现，不同干旱气候带沙区中土壤细菌功能基因组成相似性随环境距离（见图 6.5）和地理距离（见图 6.6）的增加而显著降低。不同干旱气候带沙区土壤细菌功能基因组成相似性随环境距离的增加而减小的趋势在半干旱沙区（$slope = -0.030$，$P < 0.001$）和干旱沙区（$slope = -0.030$，$P < 0.001$）最大，其次为极端干旱沙区（$slope = -0.020$，$P < 0.001$），在干旱亚湿润沙区（$slope = -0.014$，$P < 0.001$）最小；在整个研究区尺度，功能基因组成相似性随环境距离的增加而减小的趋势大于其他干旱气候带沙区（$slope = -0.044$，$P < 0.001$）。不同干旱气候带沙区土壤细菌功能基因组成相似性与地理距离的距离-衰减率表现为亚湿润干旱沙区（$slope = -0.002$，$P < 0.001$）<半干旱沙区（$slope = -0.003$，$P < 0.001$）<干旱沙区（$slope = -0.003$，$P < 0.001$）<极端干旱沙区（$slope = -0.010$，$P < 0.001$）；整个研究区尺度的功能基因组成相似性与地理距离的距离-衰减率与极端干旱沙区接近，且显著大于其他干旱气候带沙区（$slope = -0.011$，$P < 0.001$）。

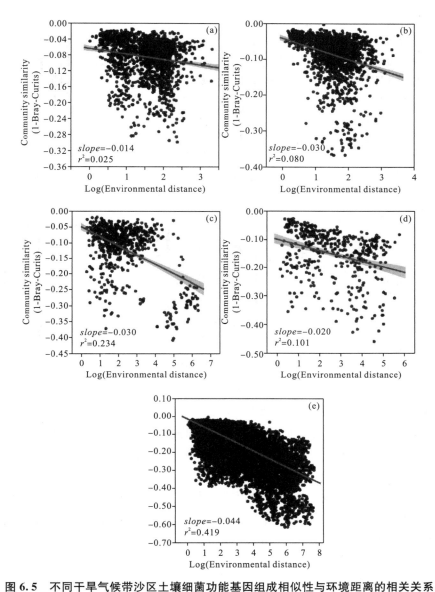

图 6.5　不同干旱气候带沙区土壤细菌功能基因组成相似性与环境距离的相关关系

注：（a）为干旱亚湿润沙区，（b）为半干旱沙区，（c）为干旱沙区，（d）为极端干旱沙区，（e）为整个研究区。

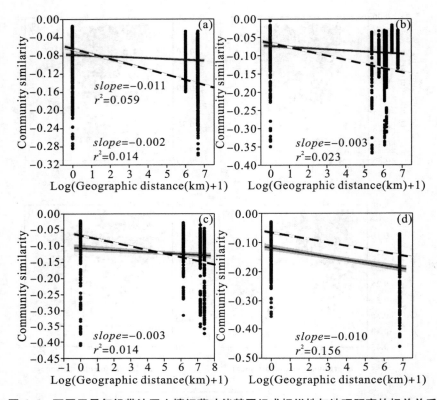

图6.6 不同干旱气候带沙区土壤细菌功能基因组成相似性与地理距离的相关关系

注：虚线代表整个研究区的距离-衰减曲线，实线代表各干旱气候带沙区的距离-衰减曲线。（a）为干旱亚湿润沙区；（b）为半干旱沙区；（c）为干旱沙区；（d）为极端干旱沙区。

为进一步研究土壤细菌功能基因在区域尺度上空间分布的驱动因子，基于上述土壤细菌功能基因组成相似性矩阵和环境因子及地理距离的距离矩阵执行基于相似矩阵的多元回归分析（multiple regression on similarity matrices，MRM），结果见表6.3。在干旱亚湿润沙区、半干旱沙区、干旱沙区和整个研究区尺度的 MRM 模型中，地理距离均为不显著变量。在极端干旱沙区的 MRM 模型中，地理距离因共线性被排除，但作为唯一变量回归时对土壤细菌功能基因组成相似性变异的解释量为 15.6%（见图6.6）。在干旱亚湿润沙区，MRM 模型对土壤细菌功能基因组成相似性变异的总解释量仅为 8.77%，年平均降水量（3.43%）、土壤含水量（2.77%）和氮磷比（2.57%）是影响土壤细菌功能基因组成相似性的重要变量。在半干旱沙区，MRM 模型对土壤细菌功能基因组成相似性变异的总解释量为 27.65%，年平均降水量（2.56%）、土壤 pH（2.77％）和土壤电导率（22.32％）是影响土壤细菌功能基因组成相似性的重要变量。在干旱沙区，土壤电导率是 MRM 模型中的唯一变量，对土壤细菌功能基因组成相似性变异的总解释量为 39.04％。在极端干旱沙区，MRM 模型对土壤细菌功能基因组成相似性变异的总解释量为 20.32％，土壤全磷（17.80％）和土壤电导率（2.52％）是影响土壤细菌功能基因组成相似性的重要变量。在整个研究区，MRM 模型对土壤细菌功能基因组成相似性变异的总解释量为 47.05％，年平均降水量（36.70％）和土壤电导率（10.35％）是影响土壤细菌功能基因组成相似性的重要变量。总体来说，土壤电导率是驱动土壤细菌功能基因组成相似性变异的重要因子。

表 6.3 多元回归分析不同干旱气候带沙区环境因子
和地理距离对土壤细菌功能基因组成相似性的效应

分区	干旱亚湿润沙区 ($r^2=0.087,7$ $P<0.010$)	半干旱沙区 ($r^2=0.276,5$ $P<0.001$)	干旱沙区 ($r^2=0.390,4$ $P<0.010$)	极端干旱沙区 ($r^2=0.203,2$ $P<0.001$)	整个研究区 ($r^2=0.470,5$ $P<0.001$)
GD	NS	NS	NS	ND	NS
Alt	ND	ND	ND	ND	NS
MAP	0.034,3***	0.025,6***	ND	ND	0.367,0***
MAT	ND	NS	ND	ND	NS
PD	NS	NS	NS	ND	NS
AI	NS	ND	NS	ND	ND
SWC	0.027,7**	NS	NS	NS	NS
pH	NS	0.027,7***	NS	NS	NS
TP	NS	NS	ND	0.178,0***	NS
SOC	NS	NS	NS	NS	NS
TN	NS	NS	NS	NS	NS
EC	NS	0.223,2***	0.390,4**	0.025,2***	0.103,5***
CN	NS	NS	NS	NS	NS
NP	0.025,7**	NS	NS	ND	NS

注：ND 为未被选择的（依据共线性去除），NS 为无显著性的，"＊"符号代表相关显著性（＊为 $P<0.050$，＊＊为 $P<0.010$，＊＊＊为 $P<0.001$），GD 为地理距离，Alt 为海拔（m），MAP 为年平均降水量（mm），MAT 为年平均温度（℃），PD 为植被多样性，AI 为干燥度指数，SWC 为土壤含水量（％），pH 为土壤 pH，TP 为土壤全磷（g·kg⁻¹），SOC

为土壤有机碳（g·kg^{-1}），TN 为土壤全氮（g·kg^{-1}），EC 为土壤电导率（μs·cm^{-1}），CN 为土壤碳氮比，NP 为土壤氮磷比。

6.2　土壤中与碳循环相关的功能基因的分布

基于 KEGG 数据库预测的功能基因，结合土壤微生物碳循环代谢通路，分析不同干旱气候带沙区土壤中参与微生物固碳和碳分解过程的相关功能基因。微生物固碳的代谢通路主要有还原戊糖磷酸循环（Reductive pentose phosphate cycle）[即卡尔文循环（Reductive pentose phosphate cycle/Calvin cycle）]、C4-二羧酸循环（C4-dicarboxylic acid cycle）、还原柠檬酸循环（Reductive citrate cycle）、还原性乙酰辅酶 A 通路（Reductive acetyl-CoA pathway）和产甲烷（Methanogenesis）五个，具体固碳功能基因信息见附录 C。结果显示，各固碳功能基因在不同干旱气候带沙区中的分布具有相似性（见图 6.7），相对丰度大于 10% 的固碳基因包括：C4-二羧酸循环中的 ppc，ppc 编码的磷酸烯醇式丙酮酸羧化酶催化磷酸烯醇丙酮酸、水和二氧化碳生成磷酸和草酰乙酸；还原柠檬酸循环中的 $korA$、$korB$ 和 $IDH1$，$korA$ 和 $korB$ 编码的铁氧还蛋白氧化还原酶催化铁氧化还原蛋白、琥珀酰辅酶 A、氢离子和二氧化碳生成氧化铁氧还蛋白、2-酮戊二酸和辅酶 A，$IDH1$ 编码的异柠檬酸脱氢酶催化 2-酮戊二酸、二氧化碳、还原态烟酰胺腺嘌呤二核苷酸磷酸和氢离子生成异柠檬酸和氧化态烟酰胺腺嘌呤二核苷酸磷酸。然而，不同干旱气候带沙区间与固碳相关的功能基因的相对丰度具有显著性差异（见图 6.7）。还原戊糖磷酸循环和 C4-二羧酸循环中的固碳基因在极端干旱沙区中的相对丰度显著高于其他沙区；在还原柠檬酸循环中除 $IDH1$ 外，其他固碳基因的相对丰度在极端干旱沙区显著低于其他沙区；还原性乙酰辅酶 A 通路中的固碳基因在极端干旱沙区的相对丰度显著低于其他沙区，而半干旱沙区和干旱沙区在这一通路中的相对丰度较高；产甲烷通路中的固碳基因在半干旱沙区和干旱沙区的相对丰度高于干旱亚湿润沙区和极端干旱沙区，甲烷呋喃脱氢酶在干旱亚湿润沙区和半干旱沙区的相对丰度较高。

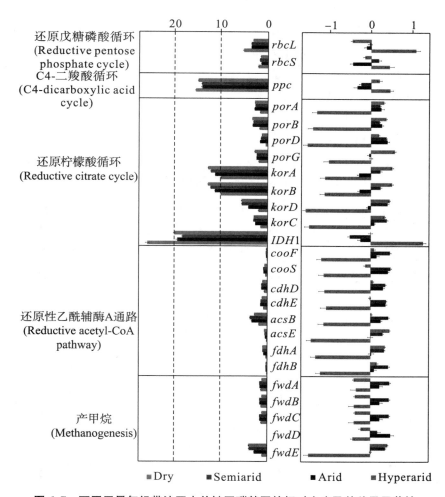

图 6.7　不同干旱气候带沙区中关键固碳基因的相对丰度及其差异显著性

注：Dry 为干旱亚湿润沙区，Semiarid 为半干旱沙区，Arid 为干旱沙区，Hyperarid 为极端干旱沙区。

将每个固碳基因与环境因子做相关性分析，结果如图 6.8 所示，还原戊糖磷酸循环中 *rbcL* 与土壤全磷、土壤无机碳、土壤电导率、年平均温度和海拔成显著正相关，与土壤含水量和植被多样性成显著负相关，*rbcS* 与土壤全磷、年平均温度和海拔成显著正相关。C4-二羧酸循环中的 *ppc* 与年平均降水量、干燥度指数、经度、植被多样性、土壤含水量、土壤全氮和土壤速效磷成正相关，与土壤全磷、土壤无机碳、土壤电导率、年平均温度和土壤 pH 成负相关。还原柠檬酸循环中的大部分固碳基因均与年平均降水量、干燥度指数、经度、植被多样性、土壤含水量、土壤全氮、土壤水解氮和土壤速效磷成显著正相关，与土壤全磷、土壤无机碳、土壤电导率、年平均温度和土壤 pH 成负相关。还原性乙酰辅酶 A 通路中大部分固碳基因与年平均降水量、干燥度指数、经度、植被多样性、土壤含水量、土壤全氮、土壤水解氮和土壤速效磷成显著正相关，$acsE$ 和 $fdhA$ 与土壤全磷、土壤无机碳、土壤电导率、年平均温度和土壤 pH 成负相关。产甲烷通路中 $fwdA$ 与年平均温度、年平均降水量、土壤有机碳、土壤全氮和土壤速效磷成负相关，$fwdB$、$fwdC$ 和 $fwdD$ 与年平均温度、土壤 pH 和海拔成正相关，与土壤含水量和土壤水解氮成负相关。$fwdE$ 与环境因子的相关性与还原柠檬酸循环中的固碳基因相同。

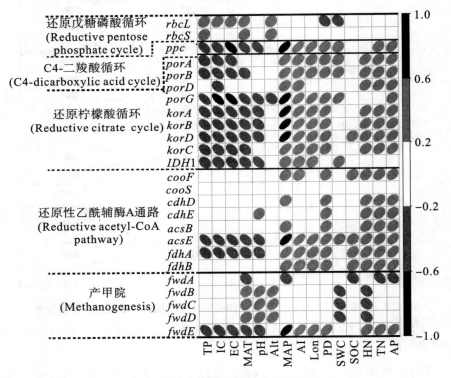

图 6.8 环境因子与固碳基因的相关性分析

按照碳分解的难易程度对参与微生物碳分解过程的相关功能基因进行筛选，包括与淀粉分解、半纤维素分解、纤维素分解、几丁质分解和果胶分解相关的基因，另外增加 3 个与纤维二糖转运相关的功能基因（具体的基因信息见附录 D）。各碳分解基因在不同干旱气候带沙区中的分布具有相似性（见图 6.9）。四个沙区中，半纤维素分解、纤维素分解和几丁质分解基因的相对丰度大于淀粉分解和果胶分解基因。相对丰度大于 5% 的碳分解基因有 $xylA$、

$xynA$、$xynB$、$abfA$、$beta\text{-}glucosidase$、$bglX$、$bglB$、$endoglucanase$ 和
$chitinase$。

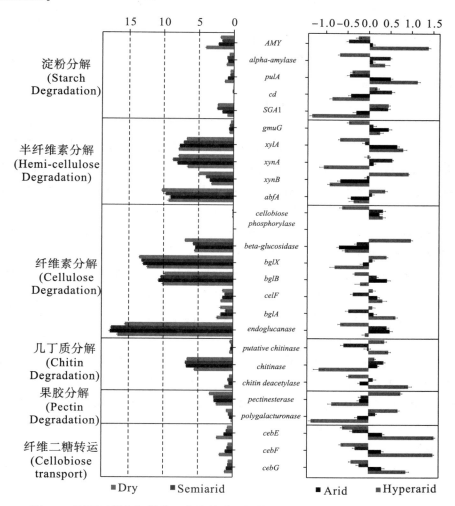

图 6.9　不同干旱气候带沙区中关键碳分解基因的相对丰度及其差异显著性

注：Dry 为干旱亚湿润沙区，Semiarid 为半干旱沙区，Arid 为干旱沙区，Hyperarid 为极端干旱沙区。

如图 6.9 所示，不同干旱气候带沙区间与碳分解相关的功能基因的相对丰度具有显著性差异，与淀粉分解相关的基因中，cd 和 $SGA1$ 在干旱亚湿润沙区和半干旱沙区的相对丰度显著高于干旱沙区和极端干旱沙区，而 AMY 和 $pulA$ 在干旱亚湿润沙区和半干旱沙区的相对丰度显著低于极端干旱沙区和干旱沙区，$alpha\text{-}amylase$ 在干旱亚湿润沙区的相对丰度显著低于其他沙区。与

半纤维素分解相关的基因中，*gmuG* 和 *xylA* 在干旱亚湿润沙区的相对丰度显著低于其他沙区，*xynB* 和 *abfA* 在干旱亚湿润沙区和半干旱沙区的相对丰度显著高于干旱沙区和极端干旱沙区，*xynA* 的相对丰度在半干旱沙区最高、在极端干旱沙区最低。与纤维素分解相关的基因中，*beta-glucosidase* 和 *bglX* 在干旱亚湿润沙区的相对丰度显著高于其他沙区，*bglB*、*endoglucanase* 和 *cellobiose phosphorylase* 在干旱亚湿润沙区的相对丰度显著低于其他沙区，*celF* 和 *bglA* 在干旱沙区的相对丰度显著低于其他沙区。与几丁质分解相关的基因中，*putative chitinase* 在干旱亚湿润沙区和极端干旱沙区的相对丰度显著高于干旱沙区和半干旱沙区，*chitinase* 在极端干旱沙区的相对丰度显著低于其他沙区，*chitin deacetylase* 在极端干旱沙区的相对丰度显著高于其他沙区。与果胶分解相关的基因中，*pectinesterase* 和 *polygalacturonase* 在干旱亚湿润沙区的相对丰度显著高于其他沙区。与纤维二糖转运相关的基因中，*cebE*、*cebF* 和 *cebG* 的相对丰度均表现为极端干旱沙区最高，其次为干旱沙区、半干旱沙区和干旱亚湿润沙区。

将每个碳分解基因与环境因子做相关性分析，结果如图 6.10 所示，淀粉分解基因中，*AMY* 与速效磷成显著负相关，*alpha-amylase* 与海拔成显著正相关，*pulA* 与植被多样性成显著正相关，*cd* 与经度成显著正相关，*SGA1* 与土壤水解氮和土壤速效磷成显著正相关。与半纤维素分解、纤维素分解、几丁质分解、果胶分解和纤维二糖转运相关的功能基因与环境因子的相关性相似，大多数上述基因的相对丰度与土壤全磷、土壤无机碳、土壤电导率、年平均温度、土壤 pH 和海拔成负相关，与年平均降水量、干燥度指数和经度成正相关。纤维素分解基因中，*bglA* 与土壤水解氮和土壤速效磷成负相关。几丁质分解基因中，*chitin deacetylase* 与土壤无机碳成正相关。

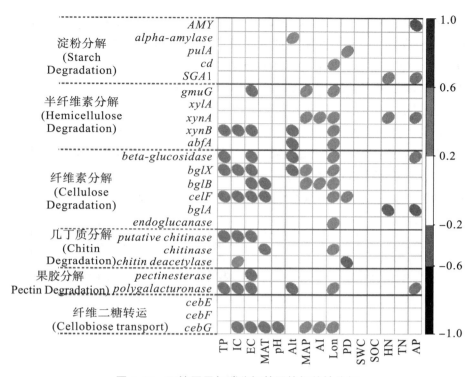

图 6.10 环境因子与碳分解基因的相关性分析

6.3 土壤中与氮循环相关的功能基因的分布

 基于 KEGG 数据库预测功能基因,并结合土壤微生物氮循环代谢通路（map00910）,分析不同干旱气候带沙区土壤中参与微生物氮循环过程的相关功能基因。涉及的代谢通路主要有固氮（Nitrogen fixation）、硝化（Nitrification）、反硝化（Denitrification）、异化硝酸盐还原（Nitrate reduction）和同化硝酸盐还原（Assimilatory nitrate reduction）5 个,具体的代谢通路信息见附录 E。不同干旱气候带沙区中关键氮循环基因的相对丰度及其差异显著性如图 6.11 所示,4 种固氮基因在干旱亚湿润沙区和半干旱沙区的相对丰度显著高于干旱沙区和极端干旱沙区,极端干旱沙区最少。与硝化作用相关的基因中,*pmoA-amoA*、pmoB-amoB 和 *pmoC-amoC* 在干旱亚湿润沙区、干旱沙区和极端干旱沙区的相对丰度显著高于干旱沙区,*hao* 在干旱沙区和半干旱沙区的相对丰度显著高于干旱亚湿润沙区和极端干旱沙区。与反硝化相关的 4 种基因在极端干旱沙区的相对丰度显著高于其他沙区，其次为半干旱沙区，干旱沙区和干旱亚湿润沙区最低。与异化硝酸盐还原相关的基因中，*nirD* 在干旱亚湿润沙区的相对丰度显著高于其他沙区，*nrfA* 在半干旱沙区的相对丰度显著高于其他沙区，*narG* 和 *narH* 在干旱沙区的相对丰度显著高于其他沙区，*napA*、*napB* 和 *nirB* 在极端干旱沙区的相对丰度显著高于其他沙区，*narI* 在干旱沙区和极端干旱沙区的相对丰度显著高于半干旱沙区和干旱亚湿润沙区。与同化硝酸盐还原相关的基因中，*nasB* 在干旱亚湿润沙区的相对丰度显著高于其他沙区，*narB* 和 *nirA* 在半干旱沙区的相对丰度显著高于其他沙区，*nasA* 在极端干旱沙区的相对丰度显著高于其他沙区。

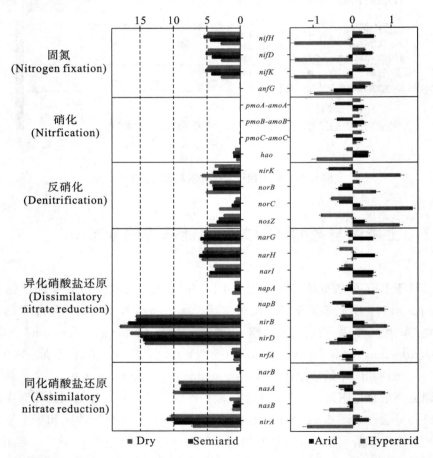

图 6.11   不同干旱气候带沙区中关键氮循环基因的相对丰度及其差异显著性

注：Dry 为干旱亚湿润沙区，Semiarid 为半干旱沙区，Arid 为干旱沙区，Hyperarid 为极端干旱沙区。

　　将每个氮循环相关基因与环境因子做相关性分析，结果如图 6.12 所示，大部分固氮基因与土壤全磷、土壤无机碳、土壤电导率、年平均温度和土壤 pH 成负相关，与年平均降水量、干燥度指数、经度、植被多样性、土壤含水量、土壤碱解氮、土壤全氮和土壤速效磷成显著正相关。硝化基因中，*pmoA-amoA*、*pmoB-amoB* 和 *pmoC-amoC* 与土壤全磷、土壤无机碳和年平均温度成负相关，与植被多样性成显著正相关；*hao* 与土壤 pH、海拔、植被多样性、土壤全氮和土壤速效磷成显著正相关。反硝化、异化硝酸盐还原和同化硝酸盐还原相关基因中，*norC* 和 *nosZ* 与土壤全磷、土壤无机碳、土壤电导率、年平均温度和土壤 pH 成正相关，与年平均降水量、干燥度指数、经度、植被多样性、土壤含水量、土壤碱解氮、土壤全氮和土壤速效磷成负相关。*narG*、*narI*、*napA*、*napB* 和 *nirB* 与年平均降水量、干燥度指数、经度、植被多样性、土壤含水量、土壤碱解氮、土壤全氮和土壤速效磷成负相关；*nirD*、*nrfA*、*narB*、*nasA*、*nasB* 和 *nirA* 与土壤全磷、土壤无机碳、土壤电导率、年平均温度和土壤 pH 成负相关，与年平均降水量、干燥度指数、经度、植被多样性、土壤含水量、土壤碱解氮、土壤全氮和土壤速效磷成显著正相关。

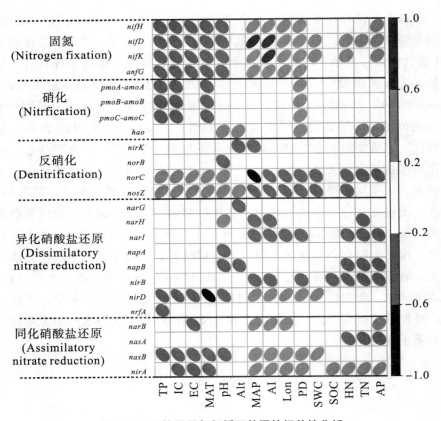

图 6.12　环境因子与氮循环基因的相关性分析

6.4　讨论

6.4.1　不同干旱气候带沙区土壤细菌功能基因的空间分布格局与驱动因子

　　结果表明，不同干旱气候带沙区土壤细菌中潜在功能类群涉及 6 个一级功能层、41 个二级功能层和 6,448 个功能基因（KO 数），其中关于膜转运、氨基酸代谢和碳水化合物代谢的 3 个二级功能层的基因数最多。有研究显示，植物在干旱胁迫下，会通过激活与胁迫防御和跨膜运输相关蛋白基因的表达来调节蛋白的合成与降解的平衡，以此促进关键代谢物的合成，同时提高细胞壁渗透性、解毒能力和细胞膜的稳定性，以增强其抗旱能力（Zhang et al.，2018）。本书研究结果显示，与膜转运和氨基酸代谢相关的功能基因数随干旱程度的增加而增多，表明沙区土壤细菌群落可能存在与植物相似的代谢机制以抵抗干旱的影响。碳水化合物的代谢可为土壤细菌群落提供基础的能量与物质，而土壤中的碳水化合物主要来源于动植物残体。本书研究中，与碳水化合物代谢相关的功能基因数在极端干旱沙区显著少于其他沙区，可能是越干旱的地区土壤越贫瘠，微生物可获得的碳源越少，相关基因表达越少。

与土壤细菌群落和土壤真菌群落多样性的分布一致，土壤细菌功能基因总序列数和 KO 数随着干旱程度的增加呈减小趋势，且在极端干旱沙区显著小于其他沙区。这个结果表明，干旱不仅会使沙地土壤细菌和真菌的多样性降低，还会使其功能多样性降低。然而，不同干旱气候带沙区土壤细菌功能基因组成在空间分布上具有较多重叠，且干旱亚湿润沙区和干旱沙区间无显著差异。这个结果表明，沙区土壤细菌功能基因的组成可能与土壤细菌群落和真菌群落具有不同的空间分布模式，且在不同干旱气候带间其空间分布的变异较小有关。不同干旱气候带沙区土壤细菌功能基因组成的相似性与环境距离和地理距离的距离-衰减率小于土壤细菌群落和土壤真菌群落的距离-衰减率亦证明了这一观点。此外，地理距离仅在极端干旱沙区中对土壤细菌功能基因组成的空间分布具有 15.6％的解释量，在其他沙区及整个研究区尺度上其解释量仅在 5.9％以下，并不是驱动土壤细菌功能基因空间分布的主要因子。总体来看，年平均降水量和土壤电导率是解释沙区土壤细菌功能基因空间分布的主要因子。年平均降水量直接影响土壤含水量和水分蒸散以及生态系统中的水文过程，对土壤微生物的活性、多样性及组成进行调控，进而改变土壤细菌功能基因的组成。年平均降水量还可通过影响地上植被的生物量和质量，改变植物与土壤间的物质和能量的交换过程，进而驱动土壤中功能基因的空间分布。土壤电导率是综合反映土壤环境质量和理化性质的指标，主要与土壤中盐分含量、土壤肥力和土壤污染物含量紧密关联（王珺等，2008），因此土壤细菌功能基因的空间分布可能受到多种土壤环境因子的综合影响。综上所述，不同干旱气候带沙区土壤细菌功能基因的空间分布主要是当代环境因子选择的结果。

6.4.2 不同干旱气候带沙区土壤中与碳循环和氮循环相关的功能基因的分布

分析不同干旱气候带沙区土壤中与碳循环相关的功能基因的差异后发现，固碳功能基因在不同干旱气候带沙区中的分布具有相似性，相对丰度大于10%的固碳基因有二羧酸循环中的 ppc 和还原柠檬酸循环中的 $korA$、$korB$ 和 $IDH1$，表明 C4-二羧酸循环和还原柠檬酸循环是沙区土壤细菌群落主要的固碳途径。但不同干旱气候带沙区中固碳基因的相对丰度具有显著差异，如还原戊糖磷酸循环和 C4-二羧酸循环中的固碳基因以及还原柠檬酸循环中的 $IDH1$ 的相对丰度在极端干旱沙区中显著高于其他沙区，还原柠檬酸循环中大部分固碳基因在干旱亚湿润沙区和半干旱沙区的相对丰度显著高于干旱沙区和极端干旱沙区，还原性乙酰辅酶 A 通路和产甲烷的固碳基因的相对丰度在半干旱沙区和干旱沙区中最高。以上结果表明，不同干旱程度可能会影响调节沙区土壤细菌群落固碳基因的相对丰度，进而改变微生物的固碳机制。详细来说，还原戊糖磷酸循环和 C4-二羧酸循环主要为光合自养微生物所用，有研究表明这种固碳途径在严重缺水和光照辐射强烈的沙地土壤表层中进行（Ge et al.，2016）。还原柠檬酸循环中 $IDH1$ 编码的异柠檬酸脱氢酶是该循环中重要的限速酶，当碳源贫乏时，异柠檬酸脱氢酶的可逆磷酸化对还原柠檬酸循环和乙醛酸旁路碳通量的分配起关键性调控作用（朱国萍等，2007）。因此，在极端缺水、缺养分和外源碳以及光照辐射强的极端干旱沙区中，还原戊糖磷酸循环和 C4-二羧酸循环中的固碳基因的相对丰度较高。该结果亦表明，微生物固碳可能是极端干旱沙区土壤中主要的碳输入途径。结合固碳基因与环境因子的相关性发现，$rbcL$ 和 $rbcS$ 与年平均温度成显著正相关，而 ppc 与年平均降水量、植被多样性、土壤含水量、土壤全氮和土壤速效磷成显著正相关。该结果进一步证明了在极端干旱沙区恶劣的环境条件下，土壤中光合自养细菌被筛选出来，作为土壤碳输入的主要途径。

分析比较不同干旱气候带沙区中与碳分解相关的功能基因发现，与半纤维素分解和纤维素分解相关的功能基因的相对丰度在各沙区中均占较高比例，表明沙区土壤中外源碳的输入以易分解的活性碳为主。不同干旱气候带沙区间碳分解基因的相对丰度存在显著差异。值得注意的是，从易分解碳到难分解碳，各干旱气候带均具有相对丰度较高的功能基因，表明不同干旱气候带沙区中有不同的碳分解功能基因组合。换句话说，土壤细菌群落通过调节功能基因的相对丰度改变功能基因组合以应对环境异质性的影响。亚湿润干旱沙区的碳分解基因组合有 *SGA*1、*xynB*、*abfA*、*beta-glucosidase*、*bglX*、*pectinesterase* 和 *polygalacturonase*，半干旱沙区的碳分解基因组合有 *alpha-amylase*、*cd*、*SGA*1、*xynA*、*cellobiose phosphorylase*、*endoglucanase* 和 *chitinase*，干旱沙区的碳分解基因组合有 *gmuG*、*xylA*、*cellobiose phosphorylase*、*bglB* 和 *endoglucanase*，极端干旱沙区的碳分解基因组合有 *AMY*、*alpha-amylase*、*pulA*、*xylA*、*cellobiose phosphorylase*、*celF*、*bglA*、*putative chitinase* 和 *chitin deacelylase*。由上述基因组合可知，干旱亚湿润沙区的碳分解基因组合中难分解碳相关基因较多，而极端干旱沙区中易分解碳相关基因较多。虽然荒漠土壤细菌群落在碳循环过程中相关基因的相对丰度可能会潜在地影响土壤碳的稳定性和储量，但要确定土壤碳储量的平衡，还需要对微生物固碳和分解碳的途径进行更深入的研究。

分析比较不同干旱气候带沙区中与氮循环相关的功能基因可知，各沙区土壤中与氮循环相关的功能基因的分布相似，异化硝酸盐还原和同化硝酸盐还原相关的功能基因的相对丰度显著高于与固氮、硝化和反硝化相关的功能基因，且相对丰度接近 10% 的基因有 *nirB*、*nirD*、*nasA* 和 *nirA*。*nirB*、*nirD* 和 *nasA* 编码的亚硝酸盐还原酶将硝酸盐还原为铵，表明我国北方沙区土壤细菌群落固氮量可能大于氮流失的量，固氮方式可能主要通过将硝酸盐固定为铵盐进而作生物利用，而非通过将氮气固定为铵。另外，干旱亚湿润沙区和半干旱沙区的固氮基因的相对丰度显著高于干旱沙区和极端干旱沙区，表明土壤细菌的固氮能力可能随干旱程度的增加而减小。

6.5 小结

本章节通过 KEGG 数据库预测的功能基因，分析研究了不同干旱气候带沙区中土壤潜在的功能基因类群，以及与碳循环、碳分解和氮循环相关功能基因的相对丰度及影响因子。结果发现：

（1）我国北方沙区土壤潜在功能基因类群主要有膜转运、氨基酸代谢和碳水化合物代谢三类，且与膜转运和碳水化合物代谢相关的功能基因的相对丰度随干旱程度的增加而减小，为干旱亚湿润沙区>半干旱沙区>干旱沙区>极端干旱沙区；而与氨基酸代谢相关的功能基因的相对丰度呈相反趋势。

（2）不同干旱气候带沙区间固碳基因的相对丰度具有显著差异，极端干沙区的固碳基因的相对丰度较其他沙区更多。在整个研究区，相对丰度大于5‰的固碳基因包括还原戊糖羧酸循环中的 *ppc* 和 *pckA*、还原柠檬酸循环中的 *korA*、*korB* 和 *IDH*1。

（3）不同干旱气候带沙区间碳分解基因的相对丰度具有显著差异，极端干旱沙区以易分解碳为主；干旱亚湿润沙区碳分解基因的种类较多，既包括易分解碳相关基因，也包括难分解碳相关基因。在整体水平上，碳分解基因以半纤维素分解和纤维素分解基因为主。

（4）不同干旱气候带沙区间氮循环基因的相对丰度具有显著差异，固氮基因在极端干旱沙区的相对丰度最低，而与反硝化和硝酸盐还原相关的功能基因在极端干旱沙区的相对丰度较高。在整体水平上，与异化硝酸盐还原和同化硝酸盐还原相关的功能基因的相对丰度最高，其次为与固氮和反硝化相关的功能基因，与硝化相关的功能基因的相对丰度最低。

参考文献

[1] 包岩峰，杨柳，龙超，等. 中国防沙治沙 60 年回顾与展望 [J]. 中国水土保持科学，2018，16（2）：144－150.

[2] 曹成有，朱丽辉，富瑶，等. 科尔沁沙质草地沙漠化过程中土壤生物活性的变化 [J]. 生态学杂志，2007，26（5）：622－627.

[3] 曹慧，孙辉，杨浩，等. 土壤酶活性及其对土壤质量的指示研究进展 [J]. 应用与环境生物学报，2003，9（1）：105－109.

[4] 程磊磊，却晓娥，杨柳，等. 中国荒漠生态系统：功能提升，服务增效 [J]. 中国科学院院刊，2020，214（6）：44－52.

[5] 褚海燕，冯毛毛，柳旭，等. 土壤微生物生物地理学：国内进展与国际前沿 [J]. 土壤学报，2020，57（3）：515－529.

[6] 褚海燕，申聪聪. 绘制土壤微生物蓝图：土壤微生物地理学 [J]. 科学观察，2017，12（6）：54－56.

[7] 褚海燕，王艳芬，时玉，等. 土壤微生物生物地理学研究现状与发展态势 [J]. 中国科学院院刊，2017（6）：585－592.

[8] 贺纪正，葛源. 土壤微生物生物地理学研究进展 [J]. 生态学报，2008，28（11）：5571－5582.

[9] 贺纪正，李晶，郑袁明. 土壤生态系统微生物多样性-稳定性关系的思考 [J]. 生物多样性，2013，4（4）：411－420.

[10] 贺纪正，袁超磊，沈菊培，等. 土壤宏基因组学研究方法与进展 [J]. 土壤学报，2012，49（1）：155－164.

[11] 贺纪正，张丽梅. 土壤氮素转化的关键微生物过程及机制 [J]. 微生物学通报，2013，40（1）：98－108.

[12] 黄艺，黄木柯，柴立伟，等. 干旱半干旱区土壤微生物空间分布格局的成因 [J]. 生态环境学报，2018，27（1）：191－198.

[13] 李香真，郭良栋，李家宝，等. 中国土壤微生物多样性监测的现状和思考 [J]. 生物多样性，2016，11（24）：1240－1248.

[14] 林先贵，胡君利. 土壤微生物多样性的科学内涵及其生态服务功能 [J]. 土壤学报，2008，45（5）：892-900.

[15] 吕星宇，张志山. 固沙植被区土壤质地与土壤微生物数量的关系 [J]. 中国沙漠，2019，39（5）：71-79.

[16] 马克平. 未来十年的生物多样性保护目标 [J]. 生物多样性，2011，19（1）：1-2.

[17] 王珺，刘茂松，盛晟，等. 干旱区植物群落土壤水盐及根系生物量的空间分布格局 [J]. 生态学报，2008（9）：4120-4127.

[18] 于江，郭萍，田云龙，等. 沙化退化土壤修复技术的研究进展和趋势 [J]. 腐植酸，2006（2）：6-12.

[19] 张威，章高森，刘光琇，等. 腾格里沙漠东南缘可培养微生物群落数量与结构特征 [J]. 生态学报，2012，32（2）：567-577.

[20] 赵媛媛，高广磊，秦树高. 荒漠化监测与评价指标研究进展 [J]. 干旱区资源与环境，2019，33（5）：81-87.

[21] 周日平. 中国荒漠化分区与时空演变 [J]. 地球信息科学学报，2019，21（5）：675-687.

[22] 朱国萍，黄恩启，赵昆军. NADP-异柠檬酸脱氢酶的结构与功能 [J]. 安徽师范大学学报（自然科学版），2007（3）：366-371.

[23] 朱永官，沈仁芳，贺纪正，等. 中国土壤微生物组：进展与展望 [J]. 中国科学院院刊，2017，32（6）：554-565.

[24] Allison S D, Treseder K K. Warming and drying suppress microbial activity and carbon cycling in boreal forest soils [J]. Global Change Biology, 2010, 14 (12): 2898-2909.

[25] An S, Couteau C, Luo F, et al. Bacterial diversity of surface sand samples from the Gobi and Taklamaken Deserts [J]. Microbial Ecology, 2013, 66 (4): 850-860.

[26] Bachar A, Soares M I M, Gillor O. The effect of resource islands on abundance and diversity of bacteria in arid soils [J]. Microbial Ecology, 2012, 63 (3): 694-700.

[27] Bai Y F, Wu J G, Clark C M, et al. Tradeoffs and thresholds in the effects of nitrogen addition on biodiversity and ecosystem functioning: evidence from inner Mongolia Grasslands [J]. Global Change Biology, 2010, 16 (1): 358-372.

［28］ Baker K L，Langenheder S，Nicol G W，et al. Environmental and spatial characterisation of bacterial community composition in soil to inform sampling strategies ［J］. Soil Biology and Biochemistry，2009，41 (11)：2292-2298.

［29］ Bardgett R D，Putten W. Belowground biodiversity and ecosystem functioning ［J］. Nature，2014，515：505-511.

［30］ Berdugo M，Delgado-Baquerizo M，Soliveres S，et al. Global ecosystem thresholds driven by aridity ［J］. Science，2020，367：787-790.

［31］ Bhatnagar A，Bhatnagar M. Microbial diversity in desert ecosystems ［J］. Current Science，2005，89 (1)：91-100.

［32］ Boehm M J. Effect of organic matter decomposition level on bacterial species diversity and composition in relationship to pythium damping-off severity ［J］. Appled and Environmental Microbiology，1993，59 (12)：4171-4179.

［33］ Bossio D A，Scow K M，Gunapala N，et al. Determinants of soil microbial communities：Effects of agricultural management，season，and soil type on phospholipid fatty acid profiles ［J］. Microbial Ecology，1998，36 (1)：1-12.

［34］ Che R，Wang S，Wang Y，et al. Total and active soil fungal community profiles were significantly altered by six years of warming but not by grazing ［J］. Soil Biology and Biochemistry，2019，139：107611.

［35］ Che R，Wang Y，Li K，et al. Degraded patch formation significantly changed microbial community composition in alpine meadow soils ［J］. Soil and Tillage Research，2019，195：104426.

［36］ Chen D M，Mi J，Chu P F，et al. Patterns and drivers of soil microbial communities along a precipitation gradient on the Mongolian Plateau ［J］. Landscape Ecology，2015，30 (9)：1669-1682.

［37］ Christianl L，Michaels S，Marka B，et al. The influence of soil properties on the structure of bacterial and fungal communities across land-use types ［J］. Soil Biology and Biochemistry，2008，40 (9)：2407-2415.

［38］ Chu H，Sun H，Tripathi B M，et al. Bacterial community dissimilarity between the surface and subsurface soils equals horizontal differences over several kilometers in the western Tibetan Plateau [J]. Environmental Microbiology, 2016, 18 (5): 1523-1533.

[39] Colin A, Turner B L, Finzi A C. Mycorrhiza-mediated competition between plants and decomposers drives soil carbon storage [J]. Nature, 2014, 505: 543-545.

[40] Cowan D A, Russell N J, Mamais A, et al. Antarctic Dry Valley mineral soils contain unexpectedly high levels of microbial biomass [J]. Extremophiles, 2002, 6 (5): 431-436.

[41] Davis K, Joseph S J, Janssen P H. Effects of growth medium, inoculum size, and incubation time on culturability and isolation of soil bacteria [J]. Applied and Environmental Microbiology, 2005, 71 (2): 826-834.

[42] De Vies F T, Griffiths R I, Bailey M, et al. Soil bacterial networks are less stable under drought than fungal networks [J]. Nature Communications, 2018, 9: 3033.

[43] Delgado-Baquerizo M, Maestre F T, Gallardo A, et al. Decoupling of soil nutrient cycles as a function of aridity in global drylands [J]. Nature, 2013, 502: 672-676.

[44] Delgado-Baquerizo M, Maestre F T, Reich P B, et al. Microbial diversity drives multifunctionality in terrestrial ecosystems [J]. Nature Communications, 2016, 7: 10541.

[45] Delgado-Baquerizo M, Oliverio A M, Brewer T E, et al. A global atlas of the dominant bacteria found in soil [J]. Science, 2018, 359: 320-325.

[46] Deyn G B D, Cornelissen J H C, Bardgett R D. Plant functional traits and soil carbon sequestration in contrasting biomes [J]. Ecology Letters, 2010, 11 (5): 516-531.

[47] Ding J, Zhang Y, Deng Y, et al. Integrated metagenomics and network analysis of soil microbial community of the forest timberline [J]. Scientific Reports, 2015, 5: 7994.

[48] Durrell L W, Shields L M. Fungi isolated in culture from soils of the Nevada Test Site [J]. Mycologia, 1960, 52 (4): 636-641.

[49] Feng W, Zhang Y, Lai Z, et al. Soil bacterial and eukaryotic co-occurrence

networks across a desert climate gradient in northern China [J]. Land Degradation and Development, 2020, 32: 3844.

[50] Feng W, Zhang Y, Yan R, et al. Dominant soil bacteria and their ecological attributes across the deserts in northern China [J]. European Journal of Soil Science, 2019, 71 (3): 1-12.

[51] Feng Y Z, Grogan P, Caporaso J G, et al. pH is a good predictor of the distribution of anoxygenic purple phototrophic bacteria in Arctic soils [J]. Soil Biology and Biochemistry, 2014, 74 (6): 193-200.

[52] Noah F. Embracing the unknown: disentangling the complexities of the soil microbiome [J]. Nature Reviews Microbiology, 2017, 15 (10): 579-590.

[53] Fierer N, Ladau J, Clemente J C, et al. Reconstructing the microbial diversity and function of pre-agricultural tallgrass prairie soils in the United States [J]. Science, 2013, 342: 621-624.

[54] Fierer N, Leff J W, Adams B J, et al. Cross-biome metagenomic analyses of soil microbial communities and their functional attributes [J]. Proceedings of the National Academy of Sciences of the United States of America, 2012, 109 (52): 21390-21395.

[55] Finlay B J. Global Dispersal of Free-living microbial eukaryote species [J]. Science, 2002, 296: 1061-1063.

[56] Freeman K R, Pescador M Y, Reed S C, et al. Soil CO_2 flux and photoautotrophic community composition in high-elevation, 'barren' soil [J]. Environmental Microbiology, 2010, 11 (3): 674-686.

[57] Garcia-Pichel F, Loza V, Marusenko Y, et al. Temperature drives the continental-scale distribution of key microbes in topsoil communities [J]. Science, 2013, 340: 1574-1577.

[58] Ge T, Wu X, Liu Q, et al. Effect of simulated tillage on microbial autotrophic CO_2 fixation in paddy and upland soils [J]. Scientific Reports, 2016, 6: 19784.

[59] Green J, Holmes A, Westoby M, et al. Spatial scaling of microbial eukaryote diversity [J]. Nature, 2004, 432: 747-750.

[60] Griffiths R I, Thomson B C, Phillip J, et al. The bacterial biogeography of British soils [J]. Environmental Microbiology, 2011, 13 (6): 1642.

[61] Haack S K, Garchow H, Odelson D A, et al. Accuracy, Reproducibility, and Interpretation of Fatty Acid Methyl Ester Profiles of Model Bacterial Communities [J]. Applied and Environmental Microbiology, 1994, 60 (7): 2483—2493.

[62] Hagemann M, Henneberg M, Felde V, et al. Cyanobacterial diversity in biological soil crusts along a Precipitation Gradient, Northwest Negev Desert, Israel [J]. Microbial Ecology, 2015, 70 (1): 219—230.

[63] Haiyan C, Noah F, Lauber C L, et al. Soil bacterial diversity in the Arctic is not fundamentally different from that found in other biomes [J]. Environmental Microbiology, 2010, 12 (11): 2998—3006.

[64] Hao H-M, Huang Z, Lu R, et al. Patches structure succession based on spatial point pattern features in semi-arid ecosystems of the water-wind erosion crisscross region [J]. Global Ecology and Conservation, 2017, 12: 158—165.

[65] He Z, Gentry T J, Schadt C W, et al. GeoChip: a comprehensive microarray for investigating biogeochemical, ecological and environmental processes [J]. ISME Journal, 2007, 1 (1): 67—77.

[66] Jansson J K, Prosser J I. Microbiology: The life beneath our feet [J]. Nature, 2013, 494: 40—41.

[67] Kellogg C A, Piceno Y M, Tom L M, et al. PhyloChip™ microarray comparison of sampling methods used for coral microbial ecology [J]. Journal of Microbiological Methods, 2012, 88 (1): 103—109.

[68] Lee C K, Barbier B A, Bottos E M, et al. The Inter-valley soil comparative survey: The ecology of Dry Valley edaphic microbial communities [J]. The ISME Journal, 2012, 6: 1046—1057.

[69] Li J, Shen Z, Li C, et al. Stair-step pattern of soil bacterial diversity mainly driven by pH and vegetation types along the elevational gradients of Gongga Mountain, China [J]. Frontiers in Microbiology, 2018, 9: 569.

[70] Lindahl B D, Anders T. Ectomycorrhizal fungi-potential organic matter decomposers, yet not saprotrophs [J]. New Phytologist, 2015, 205 (4): 1443—1447.

[71] Liu J J, Sui Y Y, Yu Z H, et al. Soil carbon content drives the

biogeographical distribution of fungal communities in the black soil zone of northeast China [J]. Soil Biology and Biochemistry, 2015, 83: 29−39.

[72] Liu L, Wang X, Lajeunesse M J, et al. A cross-biome synthesis of soil respiration and its determinants under simulated precipitation changes [J]. Global Change Biology, 2016, 22 (4): 1394−1405.

[73] Liu S, Wang F, Xue K, et al. The interactive effects of soil transplant into colder regions and cropping on soil microbiology and biogeochemistry [J]. Environmental Microbiology, 2015, 17 (3): 566−576.

[74] Lopez B R, Bashan Y, Trejo A, et al. Amendment of degraded desert soil with wastewater debris containing immobilized Chlorella sorokiniana and Azospirillum brasilense significantly modifies soil bacterial community structure, diversity, and richness [J]. Biology and Fertility of Soils, 2013, 49 (8): 1053−1063.

[75] Makhalanyane T P, Valverde A, Gunnigle E, et al. Microbial ecology of hot desert edaphic systems [J]. FEMS Microbiology Reviews, 2015, 39 (2): 203−221.

[76] Melillo J M, Steudler P A, Aber J D, et al. Soil warming and carbon-cycle feedbacks to the climate system [J]. Science, 2002, 298: 2173−2176.

[77] Metzker M L. Sequencing technologies the next generation [J]. Nature Reviews Genetics, 2010, 11 (1): 31−46.

[78] Murgia M, Fiamma M, Barac A, et al. Biodiversity of fungi in hot desert sands [J]. MicrobiologyOpen, 2019, 8 (1): e00595.

[79] Muyzer G. DGGE/TGGE a method for identifying genes from natural ecosystems [J]. Current Opinion in Microbiology, 1999, 2 (3): 317−322.

[80] Nilsson L O, Bååth E, Falkengren-Grerup U, et al. Growth of ectomycorrhizal mycelia and composition of soil microbial communities in oak forest soils along a nitrogen deposition gradient [J]. Oecologia, 2007, 153 (2): 375−384.

[81] Noah F, Bradford M A, Jackson R B. Toward an ecological classification of soil bacteria [J]. Ecology, 2007, 88 (6): 1354−1364.

[82] Ochoa-Hueso R, Collins S L, Delgado-Baquerizo M, et al. Drought

consistently alters the composition of soil fungal and bacterial communities in grasslands from two continents [J]. Global Change Biology, 2018, 24 (7): 2818−2827.

[83] Orlando J, Alfaro M, Bravo L, et al. Bacterial diversity and occurrence of ammonia-oxidizing bacteria in the Atacama Desert soil during a 'desert bloom' event [J]. Soil Biology and Biochemistry, 2010, 42 (7): 1183−1188.

[84] Parniske M. Arbuscular mycorrhiza: The mother of plant root endosymbioses [J]. Nature Reviews Microbiology, 2008, 6 (10): 763−775.

[85] Pointing S B, Yuki C, Lacap D C, et al. Highly specialized microbial diversity in hyper-arid polar desert [J]. Proceedings of the National Academy of Sciences of the United States of America, 2009, 106 (47): 19964−19969.

[86] Pommier T, Neal P R, Gasol J M, et al. Spatial patterns of bacterial richness and evenness in the NW Mediterranean Sea explored by pyrosequencing of the 16S rRNA [J]. Aquatic Microbial Ecology, 2010, 61 (3): 221−233.

[87] Prestel E, Salamitou S, Dubow M S. An examination of the bacteriophages and bacteria of the Namib desert [J]. Journal of Microbiology, 2008, 46 (4):364−372.

[88] Rastogi G, Osman S, Kukkadapu R, et al. Microbial and mineralogical characterizations of soils collected from the deep biosphere of the former homestake gold mine, South Dakota [J]. Microbial Ecology, 2010, 60 (3):539−550.

[89] Rousk J, Bååth E, Brookes P C, et al. Soil bacterial and fungal communities across a pH gradient in an arable soil [J]. Isme Journal, 2010, 4 (10): 1340−1351.

[90] Sanger F, Nicklen S, Coulson A R. DNA sequencing with chain-terminating inhibitors [J]. Proceedings of the National Academy of Sciences of the United States of America, 1977, 74 (12): 5463−5467.

[91] Schimel J P, Gulledge J. Microbial community structure and global trace gases [J]. Global Change Biology, 2010, 4 (7): 745−758.

[92] Schuster S C. Next-generation sequencing transforms today's biology

[J]. Nature Methods, 2008, 5 (1): 16—18.

[93] Sher Y, Zaady E, Nejidat A. Spatial and temporal diversity and abundance of ammonia oxidizers in semi-arid and arid soils: indications for a differential seasonal effect on archaeal and bacterial ammonia oxidizers [J]. FEMS Microbiology Ecology, 2014, 86 (3): 544—556.

[94] Singh D, Lee-Cruz L, Kim W S, et al. Strong elevational trends in soil bacterial community composition on Mt. Halla, South Korea [J]. Soil Biology and Biochemistry, 2014, 68 (1): 140—149.

[95] Starkenburg S R, Reitenga K G, Freitas T, et al. Genome of the cyanobacterium Microcoleus vaginatus FGP-2, a photosynthetic ecosystem engineer of arid land soil biocrusts worldwide [J]. Journal of Bacteriology, 2011, 193 (17): 4569—4570.

[96] Sterflinger K, Tesei D, Zakharova K. Fungi in hot and cold deserts with particular reference to microcolonial fungi [J]. Fungal Ecology, 2012, 5 (4): 453—462.

[97] Teixeira L C R S, Peixoto R S, Cury J C, et al. Bacterial diversity in rhizosphere soil from Antarctic vascular plants of Admiralty Bay, maritime Antarctica [J]. ISME Journal, 2010, 4 (8): 989—1001.

[98] Tu Q, Yu H, He Z, et al. GeoChip 4: a functional gene array based high throughput environmental technology for microbial community analysis [J]. Molecular Ecology Resources, 2015, 14 (5): 914—928.

[99] Wang X, Van N J D, Ye D, et al. Scale-dependent effects of climate and geographic distance on bacterial diversity patterns across northern China's grasslands [J]. FEMS Microbiology Ecology, 2015, 91 (12): 1—10.

[100] Wang X B, Lu X T, Yao J, et al. Habitat-specific patterns and drivers of bacterial beta-diversity in China's drylands [J]. ISME Journal, 2017, 11 (14): 1345—1358.

[101] Ward D M, Weller R, Bateson M M. 16S rRNA sequences reveal numerous uncultured microorganisms in a natural community [J]. Nature, 1990, 345: 63—65.

[102] Worrich A, Stryhanyuk H, Musat N, et al. Mycelium-mediated transfer of water and nutrients stimulates bacterial activity in dry and oligotrophic

environments [J]. Nature Communications, 2017, 8: 15472.

[103] Yan J, Wang L, Hu Y, et al. Plant litter composition selects different soil microbial structures and in turn drives different litter decomposition pattern and soil carbon sequestration capability [J]. Geoderma, 2018, 319: 194—203.

[104] Yan R, Feng W. Effect of vegetation on soil bacteria and their potential functions for ecological restoration in the Hulun Buir Sandy Land, China [J]. Journal of Arid Land, 2020, 5: 1—22.

[105] Yang Y, Gao Y, Wang S, et al. The microbial gene diversity along an elevation gradient of the Tibetan grassland [J]. ISME Journal, 2014, 8 (2): 430—440.

[106] Yin C, Dumont M G, Mcnamara N P, et al. Diversity of the active methanotrophic community in acidic peatlands as assessed by mRNA and SIP-PLFA analyses [J]. Environmental Microbiology, 2010, 10 (2): 446—459.

[107] Yonghui Z, Fuying F, Hana M, et al. Functional type 2 photosynthetic reaction centers found in the rare bacterial phylum Gemmatimonadetes [J]. Proceeding of the National Academy of Sciences of the United States America, 2014, 111 (21): 7795—7800.

[108] Yu L Z, Luo X S, Liu M, et al. Diversity of ionizing radiation-resistant bacteria obtained from the Taklimakan Desert [J]. Journal of Basic Microbiology, 2015, 55 (1): 135—140.

[109] Zaady E, Ben-David E A, Sher Y, et al. Inferring biological soil crust successional stage using combined PLFA, DGGE, physical and biophysiological analyses [J]. Soil Biology and Biochemistry, 2010, 42 (5): 842—849.

[110] Zeng Q, An S, Liu Y. Soil bacterial community response to vegetation succession after fencing in the grassland of China [J]. Science of the Total Environment, 2017, 609: 2—10.

[111] Zhang C, Shi S. Physiological and proteomic responses of contrasting alfalfa (*Medicago sativa L.*) varieties to PEG-Induced osmotic stress [J]. Frontiers in Plant Science, 2018, 9: 242.

[112] Zhang X, Barberan A, Zhu X, et al. Water content differences have

stronger effects than plant functional groups on soil bacteria in a steppe ecosystem [J]. PLoS One, 2014, 9 (12): e115798.

[113] Zhang X, Johnston E R, Barberan A, et al. Decreased plant productivity resulting from plant group removal experiment constrains soil microbial functional diversity [J]. Global Change Biology, 2017, 23 (10): 4318—4332.

[114] Zhang X, Johnston E R, Liu W, et al. Environmental changes affect the assembly of soil bacterial community primarily by mediating stochastic processes [J]. Global Change Biology, 2016, 22 (1): 198—207.

[115] Zhang X, Pu Z, Li Y, et al. Stochastic processes play more important roles in driving the dynamics of rarer species [J]. Journal of Plant Ecology, 2016, 9 (3): 328—332.

[116] Zhao M, Xue K, Wang F, et al. Microbial mediation of biogeochemical cycles revealed by simulation of global changes with soil transplant and cropping [J]. ISME Journal, 2014, 8 (10): 2045—2055.

[117] Zhou J, Liu W, Ye D, et al. Stochastic assembly leads to alternative communities with distinct functions in a bioreactor microbial community [J]. mBio, 2013, 4 (2): e00584—12.

附　　录

附录 A

中国北方沙区土壤优势细菌学名中英文对照表及其在不同干旱气候带沙区的相对丰度

拉丁学名	中文学名	相对丰度			
		干旱亚湿润沙区	半干旱沙区	干旱沙区	极端干旱沙区
门/Phylum					
Proteobacteria	变形菌门	0.332[a]	0.253[c]	0.280[bc]	0.318[ab]
Actinobacteria	放线菌门	0.172[b]	0.243[a]	0.236[a]	0.161[b]
Firmicutes	厚壁菌门	0.122[c]	0.080[d]	0.165[b]	0.272[a]
Bacteroidetes	拟杆菌门	0.135[ab]	0.103[b]	0.135[ab]	0.153[a]
Acidobacteria	酸杆菌门	0.096[b]	0.135[a]	0.059[c]	0.014[d]
Chloroflexi	绿弯菌门	0.013[c]	0.035[a]	0.027[b]	0.012[c]
Planctomycetes	浮霉菌门	0.016[b]	0.025[a]	0.016[b]	0.012[b]
Verrucomicrobia	疣微菌门	0.023[a]	0.020[ab]	0.015[b]	0.008[c]
Cyanobacteria	蓝藻菌门	0.016[ab]	0.031[a]	0.006[b]	0.001[b]
Gemmatimonadetes	芽单胞菌门	0.017[a]	0.019[a]	0.011[b]	0.007[b]
Candidatus Saccharibacteria	暂定螺旋体门	0.017[a]	0.008[b]	0.008[b]	0.007[b]
unclassified	未分类	0.011[b]	0.022[a]	0.014[b]	0.005[c]
others	其他	0.030	0.027	0.029	0.032
纲/Class					
Actinobacteria	放线菌纲	0.169[b]	0.236[a]	0.233[a]	0.160[b]
Alphaproteobacteria	α-变形菌纲	0.183	0.168	0.179	0.158
Bacilli	芽孢杆菌纲	0.101[b]	0.055[c]	0.136[b]	0.265[a]

拉丁学名	中文学名	相对丰度			
		干旱亚湿润沙区	半干旱沙区	干旱沙区	极端干旱沙区
Sphingobacteriia	鞘脂杆菌纲	0.104a	0.054b	0.056b	0.035c
Gammaproteobacteria	γ-变形菌纲	0.058b	0.024b	0.039b	0.109a
unclassified	未分类	0.051ab	0.060a	0.045b	0.021c
Betaproteobacteria	β-变形菌纲	0.069a	0.036b	0.039b	0.034b
Cytophagia	纤维粘网菌	0.014c	0.031b	0.056a	0.070a
Acidobacteria _ Gp4	酸杆菌门 Gp4	0.051a	0.050a	0.020b	0.004b
Deltaproteobacteria	δ-变形菌纲	0.020ab	0.024a	0.021ab	0.015b
Planctomycetia	浮霉菌纲	0.015b	0.024a	0.015b	0.012b
Clostridia	梭菌纲	0.016b	0.019ab	0.023a	0.003c
Gemmatimonadetes	芽单胞菌纲	0.017a	0.019a	0.011b	0.007b
Cyanobacteria	蓝藻纲	0.012b	0.029a	0.005b	0.000b
Flavobacteriia	黄杆菌纲	0.008b	0.004b	0.014b	0.043a
Acidobacteria _ Gp16	酸杆菌门 Gp16	0.006c	0.022a	0.017b	0.005c
Acidobacteria _ Gp3	酸杆菌门 Gp3	0.017a	0.018a	0.009b	0.002b
Acidobacteria _ Gp6	酸杆菌门 Gp6	0.010b	0.017a	0.005bc	0.001c
others	其他	0.078b	0.110a	0.077b	0.055c
目/Order					
unclassified	未分类	0.196b	0.268a	0.138c	0.052d
Actinomycetales	放线菌目	0.124	0.130	0.154	0.126
Bacillales	芽孢杆菌目	0.082b	0.041c	0.115b	0.250a
Rhizobiales	根瘤菌目	0.076ab	0.088a	0.089a	0.065b
Sphingobacteriales	鞘脂杆菌目	0.104a	0.054b	0.056b	0.035b
Sphingomonadales	鞘脂单胞菌目	0.083a	0.046b	0.045b	0.027c
Cytophagales	噬纤维菌目	0.014c	0.031b	0.056a	0.070a
Burkholderiales	伯克氏菌目	0.057a	0.022b	0.030b	0.029b
Acidimicrobiales	酸微菌目	0.013c	0.046a	0.031b	0.013c
Rhodobacterales	红杆菌目	0.004c	0.012c	0.024b	0.048a
Planctomycetales	浮霉菌目	0.015b	0.024a	0.015b	0.012b
Lactobacillales	乳杆菌目	0.018	0.014	0.022	0.015
Rubrobacterales	红色杆菌目	0.011b	0.024a	0.024a	0.001b

拉丁学名	中文学名	相对丰度			
		干旱亚湿润沙区	半干旱沙区	干旱沙区	极端干旱沙区
Gemmatimonadales	芽单胞菌目	0.017[a]	0.019[a]	0.011[b]	0.007[b]
Solirubrobacterales	土壤红杆菌目	0.014[b]	0.021[a]	0.013[b]	0.006[c]
Flavobacteriales	黄杆菌目	0.008[b]	0.004[b]	0.014[b]	0.043[a]
Rhodospirillales	红螺菌目	0.012	0.015	0.014	0.015
Clostridiales	梭菌目	0.015[a]	0.016[a]	0.021[a]	0.002[b]
Oceanospirillales	海洋螺菌目	0.000[b]	0.001[b]	0.004[b]	0.073[a]
Myxococcales	粘球菌目	0.012[a]	0.016[a]	0.013[a]	0.007[b]
Enterobacteriales	肠杆菌目	0.022	0.005	0.010	0.003
Pseudomonadales	假单胞菌目	0.014[ab]	0.004[c]	0.008[bc]	0.020[a]
others	其他	0.088	0.099	0.094	0.084
科/Family					
unclassified	未分类	0.197[b]	0.267[a]	0.155[b]	0.068[c]
Bacillaceae	芽孢杆菌科	0.057[b]	0.021[c]	0.061[b]	0.112[a]
Chitinophagaceae	噬几丁质菌科	0.095[a]	0.050[b]	0.050[b]	0.019[c]
Micrococcaceae	微球菌科	0.033[c]	0.049[bc]	0.072[a]	0.067[ab]
Sphingomonadaceae	鞘脂单胞菌科	0.080[a]	0.045[b]	0.039[b]	0.017[c]
Cytophagaceae	噬纤维菌科	0.014[c]	0.030[b]	0.053[a]	0.048[a]
Planococcaceae	动球菌科	0.015[b]	0.013[b]	0.039[a]	0.081[a]
Methylobacteriaceae	甲基杆菌科	0.022[bc]	0.030[ab]	0.039[a]	0.016[c]
Nocardioidaceae	类诺卡氏菌科	0.031[a]	0.017[b]	0.018[b]	0.015[b]
Acidimicrobineae	酸微菌科	0.006[c]	0.032[a]	0.022[b]	0.009[c]
Rhodobacteraceae	红杆菌科	0.004[c]	0.012[c]	0.024[b]	0.048[a]
Hyphomicrobiaceae	生丝微菌科	0.010[c]	0.018[bc]	0.020[b]	0.032[a]
Planctomycetaceae	浮霉菌科	0.015[b]	0.024[a]	0.015[b]	0.012[b]
Rubrobacteraceae	红色杆菌科	0.011[b]	0.024[a]	0.024[a]	0.001[b]
Comamonadaceae	丛毛单胞菌科	0.037[a]	0.008[b]	0.008[b]	0.004[b]
Gemmatimonadaceae	芽单胞菌科	0.017[a]	0.019[a]	0.011[b]	0.007[b]
Geodermatophilaceae	地嗜皮菌科	0.009[c]	0.015[b]	0.020[a]	0.014[b]
Halomonadaceae	盐单胞菌科	0.000	0.001	0.004	0.072
Streptococcaceae	链球菌科	0.015	0.011	0.017	0.007

续表

拉丁学名	中文学名	相对丰度			
		干旱亚湿润沙区	半干旱沙区	干旱沙区	极端干旱沙区
Flavobacteriaceae	黄杆菌科	0.006[b]	0.003[b]	0.013[b]	0.041[a]
Oxalobacteraceae	草酸杆菌科	0.012	0.009	0.016	0.015
Enterobacteriaceae	肠杆菌科	0.022	0.005	0.010	0.003
others	其他	0.292	0.299	0.271	0.293
属/Genus					
unclassified	未分类	0.092[b]	0.138[a]	0.105[b]	0.089[b]
Bacillus	芽孢杆菌属	0.056[b]	0.020[c]	0.056[b]	0.097[a]
Sphingomonas	鞘脂单胞菌属	0.072[a]	0.040[b]	0.029[bc]	0.016[c]
Arthrobacter	节杆菌属	0.031	0.027	0.044	0.025
Gp4	—	0.040[a]	0.040[a]	0.017[b]	0.003[b]
Microvirga	微小杆菌属	0.018[c]	0.028[b]	0.036[a]	0.014[c]
Zhihengliuella	刘志恒菌属	0.001[c]	0.021[b]	0.025[ab]	0.039[a]
Planococcus	动性球菌属	0.000[b]	0.007[b]	0.021[b]	0.070[a]
Aciditerrimonas	酸土单胞菌属	0.006[c]	0.032[a]	0.022[b]	0.009[c]
Rubrobacter	红色杆菌属	0.011[b]	0.024[a]	0.024[a]	0.001[b]
Adhaeribacter	—	0.003[c]	0.014[b]	0.035[a]	0.015[b]
Gemmatimonas	芽单胞菌属	0.017[a]	0.019[a]	0.011[b]	0.007[b]
Gp16	—	0.006[c]	0.022[a]	0.017[b]	0.005[c]
Gp3	—	0.017[a]	0.018[a]	0.009[b]	0.002[c]
Halomonas	盐单胞菌属	0.000	0.001	0.004	0.069
Flavisolibacter	黄色土源菌属	0.014[ab]	0.010[bc]	0.018[a]	0.008[c]
Delftia	代尔夫特菌属	0.031[a]	0.004[b]	0.003[b]	0.002[b]
Lactococcus	乳球菌属	0.013	0.010	0.016	0.006
Segetibacter	—	0.017[a]	0.012[b]	0.010[ab]	0.003[b]
Devosia	德沃斯氏菌属	0.004[c]	0.006[c]	0.017[b]	0.027[a]
Saccharibacteria	—	0.017[a]	0.008[b]	0.008[b]	0.007[b]
Gp6	—	0.010[b]	0.017[a]	0.005[bc]	0.001[c]
others	其他	0.525[a]	0.481[b]	0.469[b]	0.485[b]

注：不同小写字母表示不同干旱气候带沙区间的差异显著性（$P<0.050$）。

附录 B

中国北方沙区土壤优势真菌学名中英文对照表及其在不同干旱气候带沙区的相对丰度

拉丁学名	中文学名	相对丰度			
		干旱亚湿润沙区	半干旱沙区	干旱沙区	极端干旱沙区
门/Phylum					
Ascomycota	子囊菌门	0.737c	0.661d	0.810b	0.870a
Chytridiomycota	壶菌门	0.094a	0.072ab	0.067ab	0.046b
Zygomycota	接合菌门	0.081a	0.062b	0.032b	0.023c
Basidiomycota	担子菌门	0.041ab	0.094a	0.036b	0.022c
Glomeromycota	球囊菌门	0.013b	0.088a	0.017b	0.003c
Cryptomycota	隐真菌门	0.023a	0.007b	0.023b	0.001c
unclassified	未分类	0.000ab	0.001a	0.000b	0.000c
others	其他	0.012	0.015	0.014	0.035
纲/Class					
Dothideomycetes	座囊菌纲	0.357ab	0.236c	0.320b	0.465a
Sordariomycetes	粪壳菌纲	0.110b	0.072c	0.213a	0.191a
Pezizomycetes	盘菌纲	0.022c	0.208a	0.116b	0.097b
Eurotiomycetes	散囊菌纲	0.071a	0.029b	0.067b	0.054b
un _ Zygomycota	—	0.081a	0.062b	0.032b	0.023c
un _ Ascomycota	—	0.082a	0.041b	0.044b	0.028c
Agaricomycetes	伞菌纲	0.031a	0.088a	0.031a	0.016b
Glomeromycetes	球囊菌纲	0.013b	0.088a	0.017b	0.003c
Leotiomycetes	锤舌菌纲	0.046a	0.024b	0.012c	0.015c
Chytridiomycetes	壶菌纲	0.029a	0.016b	0.012c	0.010d
un _ Cryptomycota	—	0.023a	0.006b	0.023b	0.001c
Blastocladiomycetes	芽枝霉纲	0.006b	0.008b	0.005b	0.025a
un _ Chytridiomycota	—	0.003b	0.010a	0.003bc	0.002c
Monoblepharidomycetes	单毛菌纲	0.001b	0.001b	0.007a	0.001b
Saccharomycetes	酵母纲	0.003	0.002	0.003	0.002
others	—	0.121a	0.109ab	0.094b	0.067c

拉丁学名	中文学名	相对丰度			
		干旱亚湿润沙区	半干旱沙区	干旱沙区	极端干旱沙区
目/Order					
Pleosporales	格孢菌目	0.368^b	0.241^c	0.324^b	0.483^a
Pezizales	盘菌目	0.022^c	0.208^a	0.116^b	0.097^b
Hypocreales	肉座菌目	0.062^{ab}	0.024^c	0.117^a	0.076^{bc}
Sordariales	粪壳菌目	0.043^b	0.035^b	0.082^b	0.107^a
un _ Chytridiomycota	—	0.068^a	0.051^b	0.048^b	0.036^b
un _ Ascomycota	—	0.055^a	0.059^a	0.048^a	0.021^b
Eurotiales	散囊菌目	0.058^a	0.013^b	0.056^a	0.046^{ab}
Mortierellales	被孢霉目	0.043^a	0.057^a	0.009^b	0.015^b
Glomerales	球囊霉目	0.011^b	0.085^a	0.017^b	0.003^c
un _ Agaricomycetes	—	0.016^b	0.064^a	0.013^{bc}	0.007^c
Helotiales	柔膜菌目	0.042^a	0.023^b	0.012^c	0.015^c
Chaetothyriales	刺盾炱目	0.049^a	0.023^b	0.009^c	0.003^d
Mucorales	毛霉菌目	0.037^a	0.005^c	0.023^b	0.008^b
un _ Cryptomycota	—	0.023^a	0.007^b	0.023^b	0.001^c
Blastocladiales	芽枝菌目	0.006^b	0.008^a	0.005^b	0.025^a
others	其他	0.097^a	0.097^a	0.098^a	0.057^b
科/Family					
un _ Pleosporales	—	0.287^a	0.205^{bc}	0.223^b	0.161^c
Pleosporaceae	假球壳科	0.077^b	0.034^c	0.097^b	0.320^a
un _ Hypocreales	—	0.059^a	0.019^b	0.112^a	0.075^a
un _ Sordariales	—	0.034^b	0.031^b	0.080^b	0.104^a
un _ Chytridiomycota	—	0.068^a	0.051^b	0.048^b	0.036^b
un _ Ascomycota	—	0.053^a	0.056^{ab}	0.043^b	0.020^c
Trichocomaceae	发菌科	0.058^a	0.013^c	0.056^b	0.046^{ab}
Ascobolaceae	粪盘菌科	0.007^b	0.020^a	0.066^a	0.048^a
un _ Mortierellales	—	0.043^a	0.057^a	0.009^b	0.015^b
un _ Pezizales	—	0.006^c	0.077^a	0.012^b	0.026^b
un _ Agaricomycetes	—	0.016^b	0.064^a	0.013^{bc}	0.007^c
Sclerotiniaceae	核盘菌科	0.042^a	0.023^b	0.012^c	0.015^c

拉丁学名	中文学名	相对丰度			
		干旱亚湿润沙区	半干旱沙区	干旱沙区	极端干旱沙区
Pyronemataceae	火丝菌科	0.006[b]	0.081[a]	0.008[b]	0.001[c]
Mucoraceae	毛霉菌科	0.033[a]	0.005[c]	0.020[b]	0.008[c]
un _ Chaetothyriales	—	0.038[a]	0.012[b]	0.007[c]	0.002[d]
un _ Cryptomycota	—	0.023[a]	0.007[b]	0.023[b]	0.001[c]
un _ Glomerales	—	0.007[b]	0.046[a]	0.007[b]	0.002[c]
Ascodesmidaceae	裸盘菌科	0.001[c]	0.012[ab]	0.029[a]	0.022[b]
Glomeraceae	球囊霉科	0.004[b]	0.039[a]	0.010[b]	0.001[c]
un _ Dothideomycetes	—	0.012[a]	0.010[ab]	0.012[b]	0.004[c]
un _ Blastocladiales	—	0.006[b]	0.008[a]	0.005[b]	0.025[a]
others	—	0.120[ab]	0.130[a]	0.108[b]	0.061[c]
属/Genus					
un _ Dothideomycetes	—	0.274[a]	0.199[b]	0.220[b]	0.144[c]
un _ Saccharomycetes	—	0.093[b]	0.062[c]	0.202[a]	0.183[a]
Cochliobolus	旋孢腔菌属	0.077[b]	0.034[c]	0.096[b]	0.320[a]
un _ Pezizomycetes	—	0.013[c]	0.113[a]	0.070[b]	0.072[b]
un _ Chytridiomycota	—	0.065[a]	0.055[ab]	0.047[b]	0.035[b]
Aspergillus	曲霉属	0.053[a]	0.010[b]	0.049[a]	0.042[ab]
un _ Ascomycota	—	0.044[a]	0.048[a]	0.031[b]	0.017[c]
un _ Zygomycota	—	0.044[a]	0.057[a]	0.009[b]	0.015[b]
un _ Agaricomycetes	—	0.018[b]	0.082[a]	0.014[bc]	0.008[c]
Sclerotinia	核盘霉属	0.042[b]	0.023[a]	0.012[c]	0.015[c]
Geopora	地孔菌属	0.005[c]	0.074[a]	0.003[b]	0.001[b]
Pseudochaetosphaeronema	—	0.023[a]	0.013[b]	0.014[b]	0.021[b]
Knufia	—	0.038[a]	0.012[b]	0.007[c]	0.002[d]
un _ Cryptomycota	—	0.023[a]	0.007[b]	0.023[b]	0.001[c]
un _ Chytridiomycetes	—	0.026[a]	0.014[b]	0.010[c]	0.007[d]
un _ Glomeromycetes	—	0.007[b]	0.049[a]	0.006[b]	0.002[c]
Eleutherascus	—	0.001[c]	0.012[ab]	0.029[a]	0.022[b]
un _ Eurotiomycetes	—	0.013[a]	0.015[a]	0.008[b]	0.008[c]
Rhizopus	根霉属菌	0.007[b]	0.003[b]	0.019[a]	0.008[b]

拉丁学名	中文学名	相对丰度			
		干旱亚湿润沙区	半干旱沙区	干旱沙区	极端干旱沙区
un _ *Blastocladiomycetes*	—	0.006b	0.008a	0.005b	0.025a
Mucor	毛霉菌	0.025a	0.000b	0.000b	0.000b
Inonotus	纤孔菌属	0.005	0.004	0.013	0.005
Talaromyces	踝节菌属	0.005	0.004	0.007	0.004
others	其他	0.091a	0.103a	0.104a	0.043b

注：不同小写字母表示不同干旱气候带沙区间的差异显著性（$P<0.050$）。

附录 C

中国北方沙区土壤中与固碳相关的基因的定义及其 KO 编号

定义	名称	KO 编号
还原戊糖磷酸循环/Reductive pentose phosphate cycle (Calvin cycle)		
ribulose-bisphosphate carboxylase large chain [EC：4.1.1.39]	*rbcL*	K01601
ribulose-bisphosphate carboxylase small chain [EC：4.1.1.39]	*rbcS*	K01602
C4-二羧酸循环/C4-dicarboxylic acid cycle		
phosphoenolpyruvate carboxylase [EC：4.1.1.31]	*ppc*	K01595
还原柠檬酸循环/Reductive citrate cycle		
pyruvate ferredoxin oxidoreductase alpha subunit [EC：1.2.7.1]	*porA*	K00169
pyruvate ferredoxin oxidoreductase beta subunit [EC：1.2.7.1]	*porB*	K00170
pyruvate ferredoxin oxidoreductase delta subunit [EC：1.2.7.1]	*porD*	K00171
pyruvate ferredoxin oxidoreductase gamma subunit [EC：1.2.7.1]	*porG*	K00172
2-oxoglutarate/2-oxoacid ferredoxin oxidoreductase subunit alpha [EC：1.2.7.3 1.2.7.11]	*korA*	K00174
2-oxoglutarate/2-oxoacid ferredoxin oxidoreductase subunit beta [EC：1.2.7.3 1.2.7.11]	*korB*	K00175
2-oxoglutarate ferredoxin oxidoreductase subunit delta [EC：1.2.7.3]	*korD*	K00176
2-oxoglutarate ferredoxin oxidoreductase subunit gamma [EC：1.2.7.3]	*korC*	K00177

定义	名称	KO 编号
isocitrate dehydrogenase［EC：1.1.1.42］	*IDH*1	K00031
还原性乙酰辅酶 A 通路/Reductive acetyl-CoA pathway		
anaerobic carbon-monoxide dehydrogenase iron sulfur subunit	*cooF*	K00196
anaerobic carbon-monoxide dehydrogenase catalytic subunit［EC：1.2.7.4］	*cooS*	K00198
acetyl-CoA decarbonylase/synthase complex subunit delta［EC：2.1.1.245］	*cdhD*	K00194
acetyl-CoA decarbonylase/synthase complex subunit gamma［EC：2.1.1.245］	*cdhE*	K00197
acetyl-CoA synthase［EC：2.3.1.169］	*acsB*	K14138
5-methyltetrahydrofolatecorrinoid/iron sulfur protein methyltransferase［EC：2.1.1.258］	*acsE*	K15023
formate dehydrogenase alpha subunit［EC：1.17.1.10］	*fdhA*	K05299
formate dehydrogenase beta subunit［EC：1.17.1.10］	*fdhB*	K15022
产甲烷/Methanogenesis		
formylmethanofuran dehydrogenase subunit A［EC：1.2.7.12］	*fwdA*	K00200
formylmethanofuran dehydrogenase subunit B［EC：1.2.7.12］	*fwdB*	K00201
formylmethanofuran dehydrogenase subunit C［EC：1.2.7.12］	*fwdC*	K00202
formylmethanofuran dehydrogenase subunit D［EC：1.2.7.12］	*fwdD*	K00203
formylmethanofuran dehydrogenase subunit E［EC：1.2.7.12］	*fwdE*	K11261

附录 D

中国北方沙区土壤中与碳分解相关的基因的定义及其 KO 编号

定义	名称	KO 编号
淀粉分解/Starch Degradation		
alpha-amylase［EC：3.2.1.1］	*AMY*	K01176
alpha-amylase［EC：3.2.1.1］	*alpha-amylase*	K07405

定义	名称	KO 编号
pullulanase ［EC：3.2.1.41］	*pulA*	K01200
cyclomaltodextrinase ［EC：3.2.1.54；3.2.1.133；3.2.1.135］	*cd*	K01208
glucoamylase ［EC：3.2.1.3］	*SGA1*	K01178
半纤维素分解/Hemi-cellulose Degradation		
mannan endo-1,4-beta-mannosidase ［EC：3.2.1.78］	*gmuG*	K01218
xyloseisomerase ［EC：5.3.1.5］	*xylA*	K01805
endo-1,4-beta-xylanase ［EC：3.2.1.8］	*xynA*	K01181
xylan 1,4-beta-xylosidase ［EC：3.2.1.37］	*xynB*	K01198
alpha-L-arabinofuranosidase ［EC：3.2.1.55］	*abfA*	K01209
纤维素分解/Cellulose Degradation		
cellobiose phosphorylase ［EC：2.4.1.20］	*cellobiose phosphorylase*	K00702
beta-glucosidase ［EC：3.2.1.21］	*beta-glucosidase*	K01188
beta-glucosidase ［EC：3.2.1.21］	*bglX*	K05349
beta-glucosidase ［EC：3.2.1.21］	*bglB*	K05350
6-phospho-beta-glucosidase ［EC：3.2.1.86］	*celF*	K01222
6-phospho-beta-glucosidase ［EC：3.2.1.86］	*bglA*	K01223
endoglucanase ［EC：3.2.1.4］	*endoglucanase*	K01179
几丁质分解/Chitin Degradation		
putative chitinase	*putative chitinase*	K03791
chitinase ［EC：3.2.1.14］	*chitinase*	K01183
chitin deacetylase ［EC：3.5.1.41］	*chitin deacetylase*	K01452
果胶分解/Pectin Degration		
pectinesterase ［EC：3.1.1.11］	*pectinesterase*	K01051
polygalacturonase ［EC：3.2.1.15］	*polygalacturonase*	K01184
纤维二糖转运/Cellobiose Transport		
cellobiose transport system substrate-binding protein	*cebE*	K10240
cellobiose transport system permease protein	*cebF*	K10241

定义	名称	KO 编号
cellobiose transport system permease protein	*cebG*	K10242

附录 E

中国北方沙区土壤中与氮循环相关的基因的定义及其 KO 编号

定义	名称	KO 编号
固氮/Nitrogen fixation		
nitrogenase iron protein NifH	*nifH*	K02588
nitrogenase molybdenum-iron protein alpha chain 〔EC：1.18.6.1〕	*nifD*	K02586
nitrogenasemolybdenum-iron protein beta chain 〔EC：1.18.6.1〕	*nifK*	K02591
nitrogenase delta subunit 〔EC：1.18.6.1〕	*anfG*	K00531
硝化/Nitrification		
methane/ammonia monooxygenase subunit A 〔EC：1.14.18.3 1.14.99.39〕	*pmoA-amoA*	K10944
methane/ammonia monooxygenase subunit B	*pmoB-amoB*	K10945
methane/ammonia monooxygenase subunit C	*pmoC-amoC*	K10946
hydroxylaminedehydrogenase 〔EC：1.7.2.6〕	*hao*	K10535
反硝化/Denitrification		
nitrite reductase (NO-forming) 〔EC：1.7.2.1〕	*nirK*	K00368
nitric oxide reductase subunit B 〔EC：1.7.2.5〕	*norB*	K04561
nitric oxide reductase subunit C	*norC*	K02305
nitrous-oxide reductase 〔EC：1.7.2.4〕	*nosZ*	K00376
异化硝酸盐还原/Nitrate reduction		
nitrate reductase/nitrite oxidoreductase, alpha subunit 〔EC：1.7.5.1 1.7.99.—〕	*narG*	K00370
nitrate reductase/nitrite oxidoreductase, beta subunit 〔EC：1.7.5.1 1.7.99.—〕	*narH*	K00371

定义	名称	KO编号
nitratereductase gamma subunit［EC：1.7.5.1 1.7.99. —］	*narI*	K00374
nitrate reductase（cytochrome）［EC：1.9.6.1］	*napA*	K02567
nitrate reductase（cytochrome），electron transfer subunit	*napB*	K02568
nitrite reductase（NADH）large subunit［EC：1.7.1.15］	*nirB*	K00362
nitrite reductase（NADH）small subunit［EC：1.7.1.15］	*nirD*	K00363
nitrite reductase（cytochrome c-552）［EC：1.7.2.2］	*nrfA*	K03385
同化硝酸盐还原/Assimilatory nitrate reduction		
ferredoxin-nitrate reductase［EC：1.7.7.2］	*narB*	K00367
assimilatory nitratereductase catalytic subunit［EC：1.7.99. —］	*nasA*	K00372
assimilatory nitrate reductase electron transfer subunit［EC：1.7.99. —］	*nasB*	K00360
ferredoxin-nitrite reductase［EC：1.7.7.1］	*nirA*	K00366